JN109086

9	10	11	12	13	14	15	16	17	18

2 He
ヘリウム
4.003

□ 元素（非金属元素）

□ 元素（金属元素）

□ 元素（金属元素）

◢ 固体

◢ 液体

◢ 気体

（常温・常圧にお
ける単体の状態）

				5 B ホウ素 10.81	6 C 炭素 12.01	7 N 窒素 14.01	8 O 酸素 16.00	9 F フッ素 19.00	10 Ne ネオン 20.18
				13 Al アルミニウム 26.98	14 Si ケイ素 28.09	15 P リン 30.97	16 S 硫黄 32.07	17 Cl 塩素 35.45	18 Ar アルゴン 39.95
27 Co コバルト 58.93	28 Ni ニッケル 58.69	29 Cu 銅 63.55	30 Zn 亜鉛 65.38	31 Ga ガリウム 69.72	32 Ge ゲルマニウム 72.63	33 As ヒ素 74.92	34 Se セレン 78.97	35 Br 臭素 79.90	36 Kr クリプトン 83.80
45 Rh ロジウム 102.9	46 Pd パラジウム 106.4	47 Ag 銀 107.9	48 Cd カドミウム 112.4	49 In インジウム 114.8	50 Sn スズ 118.7	51 Sb アンチモン 121.8	52 Te テルル 127.6	53 I ヨウ素 126.9	54 Xe キセノン 131.3
77 Ir イリジウム 192.2	78 Pt 白金 195.1	79 Au 金 197.0	80 Hg 水銀 200.6	81 Tl タリウム 204.4	82 Pb 鉛 207.2	83 Bi ビスマス 209.0	84 Po ポロニウム ―	85 At アスタチン ―	86 Rn ラドン ―
109 Mt マイトネリウム ―	110 Ds ダームスタチウム ―	111 Rg レントゲニウム ―	112 Cn コペルニシウム ―	113 Nh ニホニウム ―	114 Fl フレロビウム ―	115 Mc モスコビウム ―	116 Lv リバモリウム ―	117 Ts テネシン ―	118 Og オガネソン ―

| 63 Eu
ユウロピウム
152.0 | 64 Gd
ガドリニウム
157.3 | 65 Tb
テルビウム
158.9 | 66 Dy
ジスプロシウム
162.5 | 67 Ho
ホルミウム
164.9 | 68 Er
エルビウム
167.3 | 69 Tm
ツリウム
168.9 | 70 Yb
イッテルビウム
173.0 | 71 Lu
ルテチウム
175.0 |
| 95 Am
アメリシウム | 96 Cm
キュリウム | 97 Bk
バークリウム | 98 Cf
カリホルニウム | 99 Es
アインスタイニウム | 100 Fm
フェルミウム | 101 Md
メンデレビウム | 102 No
ノーベリウム | 103 Lr
ローレンシウム |

原子量をもとに，日本化学会原子量専門委員会で作成されたものである。ただし，元素の原子量が確定できないものは ― で示した。

本書の構成と利用法

　本書は,「化学基礎」の学習事項を全27テーマにまとめ,基礎~やや応用的な問題までを学習できるようにした,書き込み式の問題集です。

📖 **学習のまとめ**	各テーマの基本事項や重要事項を,空所を補充しながら整理できます。
例題 ①	基本的・典型的な問題を精選し,解法のプロセスを丁寧に示しました。 類題の問題番号を添えて,効率的に学習できるようにしています。
基本 問題	基本的・典型的な問題で構成しており,着実に基本事項を定着させることができます。
標準 問題	基本問題から一歩踏み込んだ問題で構成しており,標準的な学力が養えるようになっています。
共通テスト対策問題 ①	共通テストと同様の難易度の問題を掲載し,挑戦できるようにしました。

●例題には「**Advice**」を設け,問題に取り組む際に押さえておきたい要点を示しています。
●知識・技能を養う問題には「知識」,思考力・判断力を養う問題には「思考」を付しています。
●すべての問題にチェック欄☐を設けています。到達度を記録しましょう。

　　　☐…解けなかった問題　　　☒…少しひっかかった問題　　　■…全問理解できた問題

■学習の記録

テーマ番号	1回目		2回目		テーマ番号	1回目		2回目	
1	月	日	月	日	16	月	日	月	日
2	月	日	月	日	17	月	日	月	日
3	月	日	月	日	18	月	日	月	日
4	月	日	月	日	19	月	日	月	日
5	月	日	月	日	20	月	日	月	日
6	月	日	月	日	21	月	日	月	日
7	月	日	月	日	22	月	日	月	日
8	月	日	月	日	23	月	日	月	日
9	月	日	月	日	24	月	日	月	日
10	月	日	月	日	25	月	日	月	日
共通テスト①	月	日	月	日	26	月	日	月	日
11	月	日	月	日	27	月	日	月	日
12	月	日	月	日	共通テスト②	月	日	月	日
13	月	日	月	日	特集①	月	日	月	日
14	月	日	月	日	特集②	月	日	月	日
15	月	日	月	日					

■学習支援サイト プラスウェブ のご案内

スマートフォンやタブレット端末などを使って,セルフチェックなどの学習に役立つデータをダウンロードできます。

https://dg-w.jp/b/72f0001

　[注意] コンテンツの利用に際しては,一般に,通信料が発生します。

Contents 目次

1 指数と有効数字の取り扱い

学習日　学習時間

分

📖 学習のまとめ

■1 指数

① 指数の役割

10を n 回かけたものは指数を用いて 10^n と表され，$\frac{1}{10}$ を n 回かけたものは（ア　　　　）と表される。

$x \times 10^n$ $(1 \leq x < 10)$ という形で x の位取りをそろえると，数値の大小が比べやすくなる。

化学では，非常に大きい数値や，非常に小さい数値を扱うことが多い。

これらの数値は，指数を用いて $x \times 10^n (1 \leq x < 10, n：整数)$ の形で表される。

（例）　$150000 = 1.5 \times 100000 = 1.5 \times ($イ　　　$)$　　15×10^4 や 0.15×10^6 とは表さない。

$0.000035 = 3.5 \times \frac{1}{100000} = 3.5 \times \frac{1}{10^5} = 3.5 \times ($ウ　　　$)$　　35×10^{-6} や 0.35×10^{-4} とは表さない。

② 指数の計算

指数の計算では，次の関係が成り立つ。$(a, b：整数, x \neq 0, y \neq 0)$

$$10^a \times 10^b = 10^{a+b} \qquad 10^a \div 10^b = \frac{10^a}{10^b} = 10^{a-b} \qquad (10^a)^b = 10^{a \times b} \qquad (10x)^a = 10^a \times x^a \qquad \frac{1}{10^a} = 10^{-a}$$

$$10^0 = 1 \qquad (x \times 10^a) \times (y \times 10^b) = (x \times y) \times 10^{a+b} \qquad (x \times 10^a) \div (y \times 10^b) = \frac{x \times 10^a}{y \times 10^b} = \frac{x}{y} \times 10^{a-b}$$

（例）　$(3.0 \times 10^5) \times (2.0 \times 10^2) = (3.0 \times 2.0) \times 10^{5+2} = 6.0 \times 10^7$

（例）　$(3.0 \times 10^5) \div (2.0 \times 10^2) = (3.0 \div 2.0) \times 10^{5-2} = 1.5 \times 10^3$

■2 有効数字

① 有効数字　測定で読み取った桁までの数字で，どの桁まで信頼ができるかを表す。通常，最小目盛りの $\frac{1}{10}$ まで読む。

有効数字の桁数を明らかにするため，一般に $x \times 10^n (1 \leq x < 10, n：整数)$ の形で表される。

（例）　$105 = 1.05 \times 10^2$…有効数字3桁

$0.015 = 1.5 \times 10^{-2}$…有効数字2桁

$15\underline{0}$…測定で読み取ったときの最小目盛りによって変わる。

図Ⅰの場合，0を有効数字に含める（有効数字3桁）

図Ⅱの場合，0を有効数字に含めない（有効数字2桁）

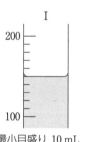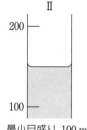

	Ⅰ	Ⅱ
最小目盛り	10 mL	100 mL
読み	150 mL	150 mL
有効数字	3桁	2桁

② 有効数字の計算

(a) 足し算・引き算の場合

和や差を求めたのち，最も位取りの（エ　　　　）いものに合うように四捨五入する。

（例）

$3.14 + 7.2 = 10.34$　　（答）　10.3

位が高い数値である7.2の小数第1位に合わせる。小数第2位を四捨五入して，小数第1位まで記す。

$7.2 - 3.20 = 4.00$　　（答）（オ　　　）

位が高い数値である7.2の小数第1位に合わせる。小数第1位の0も有効数字である。

(b) かけ算・割り算の場合

桁数のもっとも少ない数字よりも1桁多く計算し，有効数字の桁数が最も（カ　　　　）いものに合うように四捨五入する。

（例）　$6.02 \times 10^{23} \times 2.0 = 12.04 \times 10^{23}$　　（答）（キ　　　　　　　）　　有効数字2桁に合わせる。

$224 \div 2.0 = 112$　　（答）（ク　　　　　　　）

□ **1.** 指数の表し方　次の数を，$a \times 10^n$ という形で表せ。ただし，$1 \leqq a < 10$ とする。

(1) 1200 　＿＿＿＿＿＿

(2) 314 　＿＿＿＿＿＿

(3) 0.15 　＿＿＿＿＿＿

(4) 0.0208 　＿＿＿＿＿＿

□ **2.** 指数の表し方　次の値を小さいものから順に，番号で並べよ。

(1) 0.602×10^{24} 　　(3) 0.0238×10^{26}

(2) 53.1×10^{22} 　　(4) 422×10^{20}

＿＿＿＿ < ＿＿＿＿ < ＿＿＿＿ < ＿＿＿＿

□ **3.** 指数の計算　次の指数を計算せよ。

(1) $10^2 \times 10^3$ 　＿＿＿＿＿＿

(2) $(2.0 \times 10^3) \times (4.0 \times 10^5)$ 　＿＿＿＿＿＿

(3) $(6.0 \times 10^6) \div 3.0$ 　＿＿＿＿＿＿

(4) $(1.0 \times 10^5) \div (2.0 \times 10^2)$ 　＿＿＿＿＿＿

□ **4.** 有効数字　次の測定値の有効数字は何桁か。

(1) 4.3×10^2 　＿＿＿＿桁

(2) 1.12×10^{-2} 　＿＿＿＿桁

(3) 0.203 　＿＿＿＿桁

(4) 2.03 　＿＿＿＿桁

(5) 0.050 　＿＿＿＿桁

(6) 0.0500 　＿＿＿＿桁

□ **5.** 有効数字の計算　有効数字に注意して，次の計算をせよ。

(1) $3.01 + 1.7$ 　＿＿＿＿＿＿

(2) $8.4 - 2.22$ 　＿＿＿＿＿＿

(3) 5.0×2.1 　＿＿＿＿＿＿

(4) $8.42 \div 2.0$ 　＿＿＿＿＿＿

□ **6.** 有効数字の計算　有効数字に注意して，次の計算をせよ。

(1) $4.6 + 2.35$ 　＿＿＿＿＿＿

(2) $3.52 - 1.32$ 　＿＿＿＿＿＿

(3) 2.25×0.40 　＿＿＿＿＿＿

(4) $6.02 \div 30.1$ 　＿＿＿＿＿＿

2 物質の成分と構成元素

📖 学習のまとめ

1 混合物と純物質

物質 ┬ [ア]　…2種類以上の物質を含む。混合割合に応じて融点・沸点・密度が変わる。
　　　└ [イ]　…1種類の物質だけからなる。一定の融点・沸点・密度を示す。

2 混合物の分離・精製

ウ	液体とそれに溶けない固体の混合物をろ紙などで分離。
エ	混合物中の液体を気体に変え，これを冷却して再び液体として分離。
分留	液体どうしの混合物を蒸留し，(オ 　　　)の違いを利用して各液体を分離。
カ	混合物中の昇華しやすい固体を昇華させ，その気体を冷却して再び固体にして分離。
再結晶	少量の不純物を含む混合物を液体に溶かし，温度による溶解度の差を利用して，目的の物質を再び結晶として分離。
抽出	特定の成分だけを適切な溶媒に溶かし出して分離。
クロマトグラフィー	ろ紙などに対する吸着力の違いによって，各成分を分離。ろ紙を用いる場合はペーパークロマトグラフィー，ガラス管に詰めたシリカゲルの粉末などを用いる場合はカラムクロマトグラフィーという。

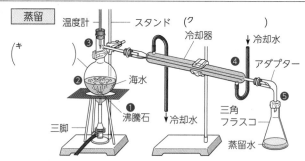

❶ 突沸を防ぐため，沸騰石を入れる。
❷ 液量は枝付きフラスコの容器の半分以下。
❸ 温度計の球部は，フラスコの枝の付け根近く。
❹ 冷却水は，リービッヒ冷却器の下方から上方へ。
❺ アダプターと三角フラスコの間は密栓しない。

3 化合物と単体

① 元素　物質を構成する基本的な成分を(ケ　　　　)という。118種が知られている。

② 純物質の分類

純物質 ┬ [コ]　…2種類以上の元素からなる物質。(例)塩化ナトリウム NaCl，水 H_2O
　　　　└ [サ]　…1種類の元素からなる物質。
　　　　　　　　　　(例)酸素 O_2，水素 H_2，黒鉛 C

元素と単体名は同じ名称でよばれることが多い。

③ 同素体　同じ元素からなり，性質の異なる単体を互いに(シ　　　　)という。

(a) 炭素Cの同素体　各同素体は炭素のつながり方などが異なっている。

同素体	ス	セ	フラーレン	カーボンナノチューブ
構造				
性質	無色透明で，きわめてかたい。	黒色で，やわらかく，電気を導く。	黒色で，電気を導かない。	黒色で，電気を導くものが多い。

(b)　酸素O・リンP・硫黄Sの同素体

酸素Oの同素体	リンPの同素体	硫黄Sの同素体
酸素 O_2 　…無色，無臭の気体 （^ソ　　）O_3…淡青色，特異臭の気体	（^タ　　　）P_4…猛毒，自然発火する。 赤リンP_x　…毒性が小さい，自然発火 　　　　　しない。	（^チ　　　）S_8 単斜硫黄 S_8 ゴム状硫黄 S_x

❹ 成分元素の確認

① 炎色反応　物質を炎の中に入れると，成分元素に特有の発色が見られる場合がある。

　Li：赤　Na：（^ツ　　　）　K：赤紫　Ca：（^テ　　　）　Sr：赤（紅）　Ba：黄緑　Cu：（^ト　　　）

② 元素の確認　沈殿をつくる反応などを利用して，特定の元素が含まれているかどうか調べる。

基本　問題

□ **7.　混合物と純物質**　次の物質のうちから，純物質を3つ選び，記号で答えよ。

知識

　（ア）　空気　　　　　（イ）　塩化ナトリウム　　　（ウ）　塩化水素

　（エ）　アンモニア水　（オ）　ドライアイス　　　　（カ）　石油

　　　　　　　　　　　　　　　　　　　　　　　　　　　　　　　　,　　,

知識

□ **8.　蒸留**　図のような装置を組み立てて，青色の硫酸銅（Ⅱ）水溶液から水を取り出す実験を行った。次の各問に答えよ。

　(1)　器具Aの名称を答えよ。

　(2)　器具Aに入れる溶液の液量は器具Aの容量のどれくらいか。

　(3)　温度計の球部（下端）の位置は，どこに設定すればよいか。

　　（ア）　枝の付け根の位置

　　（イ）　液面の少し上部

　　（ウ）　液の中

　(4)　冷却水を流す方向は，a→b，b→aのどちらか。

(1)

(2)

(3)

(4)

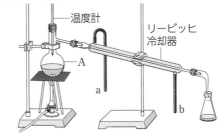

例題 ❶　混合物の分離　　　　　　　　　　　　　　　　　　⇒ 問題9

次の(1)～(3)の分離操作として最も適切なものを，下の（ア）～（オ）からそれぞれ選べ。

(1)　砂が混じった水から，砂を取り除く。

(2)　海水から，水を取り出す。

(3)　少量の塩化ナトリウムを含む硝酸カリウムから，硝酸カリウムを取り出す。

　（ア）　再結晶　　（イ）　蒸留　　（ウ）　抽出　　（エ）　ろ過　　（オ）　昇華法

解説　(1)　砂は水に溶けないので，ろ過によって砂をろ紙上に分離できる。

(2)　加熱して水を気体にし，それを冷却して液体の水として取り出す（蒸留）。このとき，海水中の他の成分は蒸発しない。

(3)　この混合物を少量の熱水に溶かしたのち，冷却すると，硝酸カリウムが結晶として析出する（再結晶）。このとき塩化ナトリウムは，少量なので溶けたままである。

解答　(1)　（エ）　　(2)　（イ）　　(3)　（ア）

Advice
温度によって溶解度が大きく変わる物質を精製するには，再結晶が用いられる。

□ **9.** 【思考】**混合物の分離** 次の(1)，(2)の分離・精製を行うために適当な操作を，下の(ア)～(オ)よりそれぞれ選び，その操作の名称も答えよ。

(1) ガラスの混じったヨウ素から，ヨウ素を分離する。

(2) 少量の硫酸銅(Ⅱ)五水和物を含む硝酸カリウムを精製する。

(ア) 穏やかに加熱し，生じた気体を冷却して液体として取り出す。

(イ) 穏やかに加熱し，生じた気体を冷却して固体として取り出す。

(ウ) 高温の水を加え，水に溶けやすい物質を溶かし出す。

(エ) 高温の水に溶かしたのち，この水溶液を冷却して，結晶を析出させる。

(オ) ろ紙に対する吸着力の違いを利用して，成分を分離する。

(1) _____

名称 _____

(2) _____

名称 _____

□ **10.** 【知識】**元素名と元素記号** 次の(1)～(6)の元素の元素記号，(7)～(12)の元素の元素名を答えよ。

(1) 酸素 _____ (2) フッ素 _____ (3) 銅 _____

(4) アルゴン _____ (5) 窒素 _____ (6) 炭素 _____

(7) Ag _____ (8) Na _____ (9) Al _____

(10) Cl _____ (11) S _____ (12) I _____

▸ 例題 ② **物質の分類**　　　　　　　　　　　　　　　　　⇒ 問題 11

次の(ア)～(カ)の物質について，下の各問に答えよ。

(ア) 石灰石　(イ) 塩酸　(ウ) 二酸化炭素　(エ) 酸素　(オ) 石灰水　(カ) 炭酸カルシウム

(1) 混合物を3つ選び，記号で記せ。

(2) 化合物を2つ選び，記号で記せ。

- -

解説 (1) 水溶液や岩石などは2種類以上の物質が混じり合っており，混合物である。(イ)の塩酸は塩化水素 HCl の水溶液，(オ)の石灰水は水酸化カルシウム $Ca(OH)_2$ の飽和水溶液で，いずれも水との混合物である。

(2) (ウ)の二酸化炭素 CO_2 は2種類の元素(炭素Cと酸素O)，(カ)の炭酸カルシウム $CaCO_3$ は3種類の元素(カルシウムCa，炭素C，酸素O)からなる化合物である。

解答 (1) (ア)，(イ)，(オ)　(2) (ウ)，(カ)

Advice
水溶液，岩石などは混合物。純物質のうち，2種類以上の元素からなるものは化合物。1種類の元素からなるものは単体。

□ **11.** 【知識】**物質の分類** 次の ア ～ エ にあてはまる語句を答えよ。また，下の物質を ウ と エ に分類し，記号で答えよ

```
            ┌─ ア ─…2種類以上の物質が混じり合っているもの
   物質 ─┤      ┌─ ウ ─…2種類以上の元素からなる物質
            └─ イ ─┤
                      └─ エ ─…1種類の元素だけからなる物質
```

[物質] (a) 水 (b) 窒素 (c) 銅 (d) 水酸化ナトリウム

(ア) _____

(イ) _____

(ウ) _____

(エ) _____

(ウ)に分類 _____

(エ)に分類 _____

□ **12.** 【知識】**同素体** 次の物質のうちから，同素体である組み合わせを2つ選べ。

(ア) 黒鉛とダイヤモンド　(イ) 一酸化炭素と二酸化炭素

(ウ) 氷と水　(エ) 塩酸と塩化水素　(オ) 赤リンと黄リン

_____ ， _____

□ **13.** 思考 **元素の確認**　次の文中の(　　　)に適切な元素名を記せ。

　燃焼して生じた気体を水酸化カルシウム水溶液(石灰水)に通じると白濁することで確認できる元素は(　ア　)である。硝酸銀水溶液を加えて白濁することで確認できる元素は(　イ　)，黄緑色の炎色反応が見られることで確認できる元素は(　ウ　)である。

(ア) _____

(イ) _____

(ウ) _____

||||||||||||||||||||||||||||||||||||||||||||||||| **標準** 問題 |||||||||||||||||||||||||||||||||||||||||||||||||

□ **14.** 知識 **元素と単体**　下線部が単体の意味に用いられているものを2つ選べ。

(ア)　乳製品には<u>カルシウム</u>が多く含まれている。

(イ)　1円硬貨は銀白色の金属である<u>アルミニウム</u>でつくられている。

(ウ)　<u>水素</u>が燃焼すると水が生成する。

(エ)　水には<u>水素</u>が含まれる。

_____ , _____

□ **15.** 思考 **成分元素の確認**　図のように，試験管にふくらし粉(ベーキングパウダー)を入れ，試験管の管口を少し下げて加熱した。このとき，気体が発生した。また，管口には無色透明な液体がたまった。

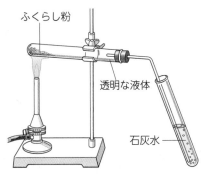

ふくらし粉

透明な液体

石灰水

(1)　発生した気体を石灰水に通じたところ，白く濁った。この気体は何か。化学式で答えよ。

(2)　管口にたまった液体を硫酸銅(Ⅱ)無水塩にふれさせると，無水塩が青色になった。この液体は何か。化学式で答えよ。

(3)　ふくらし粉の水溶液を白金線につけ，ガスバーナーの炎に入れたところ，炎の色が黄色になった。このように，成分元素に特有の発色が見られる反応を何というか。

(4)　(1)～(3)から，ふくらし粉の成分として考えられる元素を3つあげ，元素記号で答えよ。

(1) _____

(2) _____

(3) _____

(4) _____ , _____ , _____

□ **16.** 思考 **人間生活と化学**　次の(1)～(4)の記述と最も関わりのある語句を下の(ア)～(カ)から選べ。

(1)　ゆであがったパスタをざるにあけた。

(2)　カップにコーヒー豆の入ったフィルターをのせ，湯を注ぐと，フィルターには豆のかすが残り，カップにコーヒーができた。

(3)　海水を煮詰めて，塩を取り出した。

(4)　沸点の違いを利用して，原油からガソリンや灯油を取り出している。

　(ア)　ろ過　　(イ)　抽出とろ過　　(ウ)　再結晶

　(エ)　分留　　(オ)　蒸発乾固　　(カ)　クロマトグラフィー

(1) _____

(2) _____

(3) _____

(4) _____

3 状態変化と熱運動

📖 学習のまとめ

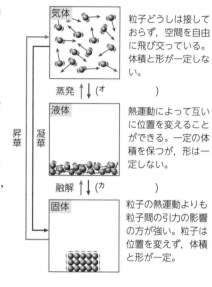

気体　粒子どうしは接しておらず，空間を自由に飛び交っている。体積と形が一定しない。

液体　熱運動によって互いに位置を変えることができる。一定の体積を保つが，形は一定しない。

固体　粒子の熱運動よりも粒子間の引力の影響の方が強い。粒子は位置を変えず，体積と形が一定。

蒸発 ↑↓ (オ　　　　)

昇華　凝華

融解 ↑↓ (カ　　　　)

1 拡散と熱運動

①**拡散**　粒子は不規則に運動し，空間に広がっていく。この現象を
(ア　　　　)という。

②**熱運動**　物質を構成する粒子は絶えず不規則に運動しているため，
拡散が起こる。この運動は (イ　　　　　　) とよばれ，温度が
(ウ　　　　)くなるほど激しくなる。

2 物質の三態

①**物質の三態と状態変化**　物質には，固体，液体，気体の３つの状態
があり，これを物質の三態という。物質は，温度や圧力を変えると，
状態が変化し，これを(エ　　　　　　)という。

②**物理変化と化学変化**
(キ　　　　)変化…構成粒子の集合状態だけが変化し，粒子そのも
のは変化しない。
(ク　　　　)変化…構成粒子そのものが変化する。

③**蒸発と沸騰**　熱運動のエネルギーが大きい粒子が，液体の表面から飛び出して気体になる現象を
(ケ　　　　)という。液体を加熱して，熱運動のエネルギーが大きい粒子が増加すると，液体の内部でも液体
が気体になる変化が起こり，気泡を生じるようになる。この現象を(コ　　　　)という。

④**水の状態変化**　$1.013×10^5$ Pa のもとで氷を加熱すると，温度が(サ　　　)℃に達したときに氷が融解しはじめ，
氷がすべて融けるまで温度は一定に保たれる。この温度を(シ　　　　)という。さらに加熱を続けると温度が
(ス　　　)℃に達したときに沸騰しはじめ，温度は一定に保たれる。この温度が(セ　　　　)である。

基本 問題

☐ **17.** **拡散** **[思考]** 図のように，空気の入った集気びんと，赤褐色で空
気より重い気体である臭素の入った集気びんを，ガラス板ではさんで置いた。ガラス板を取り除いて十分な時間放置すると，
集気びんの中はどのようになるか。次の(ア)〜(ウ)から正しい
ものを１つ選べ。

空気
ガラス板
臭素

（ア）上の集気びんの中は無色のままである。

（イ）上下で気体が入れかわり，上の集気びんの中が赤褐色に
なり，下の集気びんの中が無色になる。

（ウ）空気と臭素が混合し，上の集気びんと下の集気びんの中
は，同じ濃さの赤褐色になる。

☐ **18.** **熱運動** **[知識]** 熱運動に関する次の(ア)〜(エ)の記述のうちから，**誤り**を含む
ものを２つ選べ。

（ア）粒子が熱運動によって空間に広がっていく現象を拡散という。

（イ）熱運動は，気体を構成する粒子だけにみられる。

（ウ）温度が高いほど，粒子の熱運動は激しい。

（エ）同じ温度の物質中では，すべての粒子について，熱運動のエネルギーは
同じである。

□ **19.** 知識 **状態変化** 次の(1)～(5)の下線部の記述について最も関係のある状態変化の名称を記せ。

(1) 洗濯物を干しておいたところ，<u>洗濯物が乾いた。</u>

(2) 熱いお茶を飲もうとしたところ，<u>メガネが曇った。</u>

(3) ドライアイスを室内に放置したところ，<u>ドライアイスがなくなった。</u>

(4) 冷凍庫の製氷皿に指で触れたところ，<u>指がくっついた。</u>

(5) 水に氷を浮かべて置いたところ，しばらくすると<u>氷がなくなった。</u>

(1) _____

(2) _____

(3) _____

(4) _____

(5) _____

||||||||||||||||||||||||||||||||||||||||||||||||||||||||||||||| **標準** 問題 |||||||||||||||||||||||||||||||||||||||||||||||||||||||||||||||||

例題 ③ 物質の三態と熱運動 ➡ 問題 20

物質の三態と熱運動のエネルギーについて次の各問に答えよ。

(1) 物質の三態のうち，粒子の熱運動が最も激しい状態を何というか。

(2) 固体を加熱したとき，粒子の規則正しい配列がくずれるようになる温度を何というか。

(3) 液体を加熱したとき，液体の内部で気泡が生じるようになる現象を何というか。

- -

解説 (1) 熱運動が最も激しいのは気体である。

(2) 固体では粒子が規則正しく配列している。加熱してこの配列がくずれる現象を融解といい，そのときの温度を融点という。

(3) 熱運動のエネルギーの大きい粒子が，液体の表面から飛び出す現象を蒸発という。熱運動のエネルギーの大きい粒子が増加して，液体の内部で気泡が生じ気体になる現象を沸騰という。

解答 (1) 気体 (2) 融点 (3) 沸騰

Advice
固体では，粒子は規則正しく配列している。液体では，粒子は互いに引き合いながら運動している。気体では，粒子は自由に運動している。

□ **20.** 思考 **水の状態変化** 図は 1.013×10^5 Pa のもとで固体の水(氷)を加熱していったときの，加えた熱量と温度の関係を示している。

(1) 図中の t_1, t_2 は何を示しているか。

(2) A～Bの間では，水はどのような状態にあるか。

(ア) 気体 (イ) 液体 (ウ) 固体

(エ) 固体と液体 (オ) 液体と気体

(3) 沸騰が起きているのはいつか。

(ア) A～B (イ) B～C (ウ) C～D (エ) D～

発展 (4) C～Dで温度が一定になっているのはなぜか。理由を簡潔に記述せよ。

(1) t_1 _____

t_2 _____

(2) _____

(3) _____

(4) _____

_____

_____

_____

□ **21.** 知識 発展 **絶対温度** 次の文中の( )に適切な語句または数値を入れよ。

熱運動の大きさを表す尺度として絶対温度が用いられる。絶対温度は粒子の熱運動が(ア)するとみなされる -273.15℃ を起点とし，単位 K(ケルビン) を用いて表す。0 K を(イ)という。絶対温度の目盛りの間隔は，セルシウス温度[℃]と同じである。

(ア) _____

(イ) _____

4 原子の構造

📖 学習のまとめ

1 原子の構成

① **原子の構成**

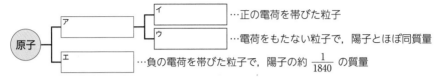

原子 ── ア ── イ …正の電荷を帯びた粒子
　　　　　　　　ウ …電荷をもたない粒子で，陽子とほぼ同質量
　　　　　　エ …負の電荷を帯びた粒子で，陽子の約 $\frac{1}{1840}$ の質量

陽子 1 個と電子 1 個がもつ電荷の絶対値とその数が等しいため，原子は電気的に（オ　　　）性である。

② **原子の構成表示**　元素記号の左下に（カ　　　　　），左上に（キ　　　　　）を示す。

質量数……12C
原子番号…6C

質量数＝陽子の数＋（ク　　　　　）の数
原子番号＝（ケ　　　　　）の数＝電子の数

> 中性子の数は，質量数－原子番号で求められる。

③ **同位体（アイソトープ）**　（コ　　　　　）が同じで，（サ　　　　　）が異なる原子を互いに同位体であるといい，化学的性質はほぼ等しい。　（例）^1H, ^2H, ^3H

④ **放射性同位体**　同位体のうち，（シ　　　　）を放出するものを放射性同位体（ラジオアイソトープ）という。放射線を放出し，他の元素の原子に変わる（壊変または崩壊）。壊変によって放射性同位体がもとの量の半分になるまでの時間を（ス　　　　　）という。

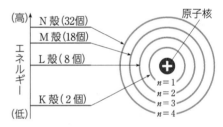

α 線	（セ　　　　　）の原子核 ^4_2He の流れ（原子番号 2，質量数 4 減少する）
（ソ　　）線	電子 e^- の流れ　（原子番号 1 増加）
γ 線	高エネルギーの電磁波（原子番号，質量数は変化しない）

2 電子配置

① **電子殻と電子配置**　原子核の周りにある電子が存在する層を（タ　　　　　）という。原子核に近い電子殻から順に K 殻，（チ　　　）殻，（ツ　　　）殻…とよび，各電子殻への電子の配分のされ方を（テ　　　　　）という。

（ト　　　　）電子…最も外側の電子殻に存在する電子。

（ナ　　　　　）…他の原子と結びつくときに重要な役割を果たす電子。価電子の数が等しい原子は互いに似た性質を示す。一般に，（ニ　　　　　　）が価電子としてはたらく。

② **貴ガス**　He, Ne, Ar などは（ヌ　　　　　）とよばれ，他の原子と反応しにくい。これらの原子の電子配置は安定であり，価電子の数は（ネ　　　　）とみなされる。

（高）N 殻（32 個）
M 殻（18 個）
L 殻（8 個）
K 殻（2 個）
エネルギー
（低）

原子核
$n=1$
$n=2$
$n=3$
$n=4$

収容される電子の最大数 ＝ $2n^2$（$n=1, 2, 3\cdots$）

族		1	2	13	14	15	16	17	18
最外殻	K 殻	(1+) H							(2+) He
	L 殻	(3+) Li	(4+) Be	(5+) B	(6+) C	(7+) N	(8+) O	(9+) F	(10+) Ne
	M 殻	(11+) Na	(12+) Mg	(13+) Al	(14+) Si	(15+) P	(16+) S	(17+) Cl	(18+) Ar
	N 殻	(19+) K	(20+) Ca						
最外殻電子の数		1	2	3	4	5	6	7	2 または 8
価電子の数		1	2	3	4	5	6	7	0

例題 ④ 原子の構造 ⇒ 問題 22〜25

塩素原子 $^{35}_{17}\text{Cl}$ について，次の各問に答えよ。

(1) （ア）陽子の数，（イ）電子の数，（ウ）中性子の数をそれぞれ求めよ。

(2) この塩素原子には中性子の数が 2 つ多い同位体が存在する。この同位体の構成を $^{35}_{17}\text{Cl}$ にならって示せ。

解説 (1) 元素記号の左下に原子番号，左上に質量数が示される。原子番号＝陽子の数＝電子の数なので，陽子および電子の数は17となる。また，質量数＝陽子の数＋中性子の数なので，中性子の数は質量数－陽子の数＝35－17＝18と求められる。

(2) 原子番号が等しく質量数の異なる原子を互いに同位体という。この同位体は，原子番号が17，質量数が35＋2＝37である。原子番号が同じなので元素記号は同じ Cl である。

Advice
原子番号
　＝陽子の数＝電子の数
質量数
　＝陽子の数＋中性子の数
同位体どうしは，原子番号が
等しく，質量数が異なる。

解答 (1) （ア）**17** （イ）**17** （ウ）**18** (2) $^{37}_{17}\text{Cl}$

知識

□ **22. 原子の構造** 右図は原子の構造を表している。a，b は原子核を構成する粒子である。次の各問に答えよ。

(1) 粒子 a および b の名称を記せ。

(2) この原子の元素名を答えよ。

(3) この原子を，$^{12}_{6}\text{C}$ のように，元素記号，原子番号，質量数を用いて表せ。

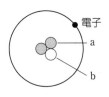
電子
a
b

(1) a _____
　　b _____
(2) _____
(3) _____

思考

□ **23. 原子を構成する粒子** 次の記述のうちから，誤りを含むものを 1 つ選べ。 _____

（ア）電子の質量は陽子の質量の約 $\dfrac{1}{1840}$ である。

（イ）原子核中の陽子の数と中性子の数は，常に等しい。

（ウ）原子核の直径は，原子の直径の約十万分の 1 である。

（エ）陽子 1 個のもつ電気量と電子 1 個のもつ電気量は，符号が反対で絶対値が等しい。

（オ）1 つの原子がもつ陽子の数と電子の数は等しく，原子全体として電気的に中性である。

知識

□ **24. 原子の構成** 次の表中のア〜タに適切な語句，記号，数値を入れよ。

	元素名	原子	原子番号	質量数	陽子の数	中性子の数	電子の数
(1)	ア	$^{31}_{15}\text{P}$	イ	ウ	エ	オ	カ
(2)	キ	ク	9	ケ	コ	10	サ
(3)	シ	ス	セ	23	ソ	タ	11

知識

□ **25. 同位体** 同位体どうしで異なるものを 2 つ選べ。 _____，_____

（ア）原子番号 （イ）陽子の数 （ウ）電子の数 （エ）質量数
（オ）化学的性質 （カ）中性子の数

☐ **26.** [思考] **放射性同位体**　放射性同位体についての次の記述のうち，誤りを含むものを 2 つ選べ。

(ア)　放射線を出して他の元素の原子に変化することを壊変という。

(イ)　α線が放出されると，原子番号が 2，質量数が 4 減少した原子になる。

(ウ)　β線が放出されると，原子番号が 1，質量数が 1 増加した原子になる。

(エ)　γ線が放出されても，原子番号，質量数ともに変化しない。

(オ)　放射線を出してもとの量の半分になるまでの時間(半減期)は，どの同位体でも同一である。

☐ **27.** [知識] **電子配置**　次の各問に答えよ。

(1)　電子は，いくつかの層に分かれて原子核の周りに配置されている。この層を何というか。

(2)　(1)について，原子核に最も近いものの名称を答えよ。

(3)　L 殻に収容できる電子の最大数はいくつか。

(4)　次の(ア)〜(ウ)の原子の最外殻電子はそれぞれいくつか。

(ア)　炭素 ₆C 原子

(イ)　ナトリウム ₁₁Na 原子

(ウ)　アルゴン ₁₈Ar 原子

(1) _____

(2) _____

(3) _____

(4)(ア) _____

(イ) _____

(ウ) _____

☐ **28.** [知識] **価電子**　次の各問に答えよ。

(1)　最外殻電子は，一般に，他の原子と結びつくときに重要な役割を果たす。この電子を何というか。

(2)　ヘリウムやネオン，アルゴンなどは，電子配置が安定で，他の原子と反応しにくく，(1)の電子の数を 0 とみなす。このような原子は何とよばれるか。

(1) _____

(2) _____

例題 ⑤ 原子の電子配置　　　　　　　　⇒ 問題 29, 30

(ア)〜(オ)の電子配置をもつ原子について，次の各問に答えよ。

(1)　(ア)〜(オ)の原子の名称を答えよ。

(2)　最も安定な電子配置をもつ原子はどれか。

(3)　価電子を 2 個もつ原子はどれか。

解説　(1)　原子番号＝電子の数より，電子の総数から原子の種類が決定できる。

(ア)　₂He，ヘリウム　(イ)　₉F，フッ素　(ウ)　₁₁Na，ナトリウム

(エ)　₁₂Mg，マグネシウム　(オ)　₁₇Cl，塩素

(2)　最外殻が K 殻のとき 2 個，L 殻以上のとき 8 個の電子が収容される電子配置は安定である。したがって，該当するのは(ア)の He である。

(3)　他の原子との結合に関与する電子が価電子であり，一般に最外殻電子が価電子としてはたらく。最外殻電子を 2 個もつ原子は(ア)と(エ)であるが，(ア)の He は他の原子と結合をつくりにくく，価電子の数は 0 とみなされる。したがって，(エ)の Mg である。

Advice

貴ガスの電子配置（最外殻の電子が，K 殻のとき 2 個，L 殻以上のとき 8 個）は安定である。
貴ガスは反応しにくく，価電子の数は 0 とみなされる。

解答　(1)　(ア)　ヘリウム　(イ)　フッ素　(ウ)　ナトリウム　(エ)　マグネシウム　(オ)　塩素

(2)　(ア)　　(3)　(エ)

29. 知識

電子配置の表し方　次の各原子の電子配置を，$_6C$ の例のように，2通りの方法で示せ。

例	$_6C$	$_9F$	$_{12}Mg$	$_{18}Ar$
	K2, L4	ア	イ	ウ
		エ	オ	カ

30. 知識

電子配置と原子の性質　次の(ア)～(エ)の電子配置をもつ原子について，下の各問に答えよ。

(ア)	(イ)	(ウ)	(エ)
			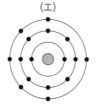

(1)　(ア)～(エ)の原子の元素記号を記せ。

(2)　価電子を2個もつ原子はどれか。(ア)～(エ)の記号で答えよ。

(3)　最も安定で，他の原子と結合しにくい原子はどれか。(ア)～(エ)の記号で答えよ。

(4)　(イ)の最外殻は何殻か。また，その電子殻には，あと何個の電子が入るか。

(1)(ア)＿＿＿＿
(イ)＿＿＿＿
(ウ)＿＿＿＿
(エ)＿＿＿＿
(2)＿＿＿＿＿＿
(3)＿＿＿＿＿＿
(4)　　殻, あと　　個

━━━━━ 標準 問題 ━━━━━

31. 知識

原子の構造と電子配置　次の原子について，下の各問に(ア)～(オ)の記号で答えよ。

　　(ア) $_5^{11}B$　(イ) $_6^{12}C$　(ウ) $_6^{13}C$　(エ) $_{12}^{24}Mg$　(オ) $_{16}^{32}S$

(1)　電子の数が互いに等しい原子は，どれとどれか。

(2)　中性子の数が互いに等しい原子は，どれとどれか。

(3)　M殻に電子が収容されている原子を2つ選べ。

(1)＿＿＿＿
(2)＿＿＿＿
(3)＿＿＿＿

32. 思考

同位体　天然の酸素原子には，質量数が16，17，18の酸素原子 ^{16}O，^{17}O，^{18}O が存在する。次の各問に答えよ。

(1)　これらの原子の関係を何というか。

(2)　質量数18の酸素原子について，次の数値を求めよ。

　　(a)　陽子の数　　(b)　中性子の数

(3)　これらの3種類の酸素原子を組み合わせると，酸素分子 O_2 は何種類できるか。ただし，酸素分子は2つの酸素原子が結びついてできている。

(1)＿＿＿＿
(2)(a)　　　(b)
(3)＿＿＿＿

33. 思考

放射性同位体と年代測定　ある地層から出土した貝殻に含まれる炭素の放射性同位体 ^{14}C の割合は，もとの量の $\frac{1}{8}$ に減少していた。^{14}C の半減期を5730年とすると，この貝殻は何年前のものと推定できるか。

＿＿＿＿＿＿＿＿

5 イオン

学習日	学習時間
/	分

📖 学習のまとめ

1 イオン

① **イオンの存在** 電荷をもつ粒子をイオンという。(^{ア}　　　)イオンは正の電荷を
もち，(^{イ}　　　)イオンは負の電荷をもつ。

② **イオンの生成と表し方** 原子が電子を失うと(^{ウ}　　　)イオンになり，電子を受け
取ると(^{エ}　　　)イオンになる。原子がイオンになると，原子番号が最も近い
(^{オ}　　　　　)の電子配置と同じになることが多い。イオンは図のような化学式で
表される。

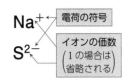

陽イオンの生成 ナトリウム原子 Na は，価電子を
(^{カ}　　　)個もち，その価電子を失って，(^{キ}　　　)価の
ナトリウムイオン（化学式(^{ク}　　　　　　)）になる。ナト
リウムイオンの電子配置は，貴ガスの(^{ケ}　　　　)と同
じである。

陰イオンの生成 硫黄原子 S は，価電子を(^{コ}　　　)個もち，
電子を(^{サ}　　　)個取り入れて(^{シ}　　　)価の硫化物イオ
ン（化学式(^{ス}　　　　）になる。硫化物イオンの電子配
置は，貴ガスの(^{セ}　　　　　)と同じである。

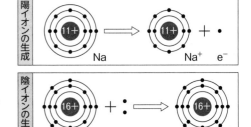

③ **イオンの種類と名称** イオンには，原子 1 個からなる(^{ソ}　　　　)イオンと，2 個以上の原子の集まり（原
子団）からなる(^{タ}　　　　)イオンがある。

陽イオンの名称…「元素名」+「イオン」　（例）Na$^+$：ナトリウム+イオン⇒ナトリウムイオン

陰イオンの名称…元素名の語尾を「～化物イオン」と変える　（例）S^{2-}：硫黄+化物イオン⇒硫化物イオン

多原子イオンの名称…それぞれ固有の名称をもつ。　（例）NO$_3^-$：硝酸イオン

価数	陽イオン	イオンの化学式	陰イオン	イオンの化学式
1価	リチウムイオン ナトリウムイオン アンモニウムイオン	Li$^+$ Na$^+$ NH$_4^+$	(^{チ}　　　)イオン 水酸化物イオン 硝酸イオン	Cl$^-$ (^{ツ}　　　) NO$_3^-$
2価	(^{テ}　　　)イオン 銅(Ⅱ)イオン	Zn^{2+} (^{ト}　　　)	酸化物イオン (^{ナ}　　　)イオン	O^{2-} SO$_4^{2-}$
3価	アルミニウムイオン 鉄(Ⅲ)イオン	(^{ニ}　　　) Fe^{3+}	リン酸イオン	PO$_4^{3-}$

銅や鉄のイオンには価数が異なるイオンが存在するので，（　　）内にローマ数字でイオンの価数を明記する。
（例）　Cu^{2+}：銅(Ⅱ)イオン　　Fe^{3+}：鉄(Ⅲ)イオン

④ **イオンの生成とエネルギー**

(^{ヌ}　　　　　　　)エネルギー…原子から電子 1 個を取り去
って，1 価の陽イオンにするために必要な最小のエネルギー。
この値が小さいほど，陽イオンになりやすい。

(^{ネ}　　　　　　)力…原子が電子を取り入れて陰イオンになる
ときに放出されるエネルギー。
この値が大きいほど，陰イオンになりやすい。

⑤ **イオンの大きさ**

同族で同じ価数のイオン：原子番号が大きいほど大きい。（例）　Li$^+$<Na$^+$<K$^+$

同じ電子配置のイオン　：原子番号が大きいほど小さい。（例）　O^{2-}>F$^-$>Na$^+$>Mg^{2+}>Al^{3+}

□ **34.** [知識] **イオンの化学式と名称** （ア）〜（カ）のイオンの化学式および（キ）〜（シ）の名称を記せ。

（ア）　水素イオン　　　　　＿＿＿＿＿＿＿　（キ）　Na^+　　　　＿＿＿＿＿＿＿

（イ）　カルシウムイオン　＿＿＿＿＿＿＿　（ク）　F^-　　　　　＿＿＿＿＿＿＿

（ウ）　亜鉛イオン　　　　　＿＿＿＿＿＿＿　（ケ）　Cu^{2+}　　　＿＿＿＿＿＿＿

（エ）　塩化物イオン　　　　＿＿＿＿＿＿＿　（コ）　NH_4^+　　　＿＿＿＿＿＿＿

（オ）　水酸化物イオン　　　＿＿＿＿＿＿＿　（サ）　CO_3^{2-}　　＿＿＿＿＿＿＿

（カ）　硫酸イオン　　　　　＿＿＿＿＿＿＿　（シ）　NO_3^-　　　＿＿＿＿＿＿＿

例題 6 イオンと電子配置 ⇒ 問題35

表は5種類の原子の電子配置を示している。次の各問に答えよ。
(1)　2価の陽イオンになりやすい原子の元素記号とその陽イオンの名称を記せ。
(2)　1価の陰イオンになりやすい原子の元素記号とその陰イオンの名称を記せ。
(3)　Al が安定なイオンになったとき，その電子配置を表した図は下の（ア）〜（エ）のどれか。記号で答えよ。

原子	電子配置		
	K殻	L殻	M殻
Li	2	1	
Ne	2	8	
Mg	2	8	2
Al	2	8	3
Cl	2	8	7

（ア）　　　　　（イ）　　　　　（ウ）　　　　　（エ）

（13+）　　　（13+）　　　（10+）　　　（16+）

解説 　(1)　価電子を2個もつ原子は，電子2個を失って2価の陽イオンになりやすい。
(2)　価電子を7個もつ原子は，電子1個を取り入れて，1価の陰イオンになりやすい。
(3)　Al はM殻の電子3個を失って，3価の陽イオン Al^{3+} になる。陽子の数は変わらず13で，電子数が10になる。

解答 　(1)　Mg，マグネシウムイオン　　(2)　Cl，塩化物イオン
(3)　（イ）

Advice
価電子の少ない原子は，電子を放出して陽イオンになりやすい。価電子の多い原子は，電子を受け取って陰イオンになりやすい。
いずれも，原子番号の最も近い貴ガスと同じ電子配置をとるようになる。

□ **35.** [知識] **イオンの電子配置** 次の表の（　　）に適切な語句または数値を入れよ。

電子配置	（4+）	（8+）	（13+）	（17+）	（12+）
陽子の数	ア	イ	ウ	エ	オ
電子の数	カ	キ	ク	ケ	コ
化学式	Be^{2+}	サ	シ	ス	セ

□ **36.** 知識 **イオンの電子配置** 次のイオンは、ヘリウム He、ネオン Ne、アルゴン Ar のうち、いずれの貴ガスと同じ電子配置をとっているか。貴ガスの元素記号で答えよ。

(1) $_3Li^+$ (2) $_{19}K^+$ (3) $_{16}S^{2-}$ (4) $_9F^-$

(1)	(2)
(3)	(4)

□ **37.** 知識 **単原子イオンの電子の数** 次の単原子イオン1個に含まれる電子の数を答えよ。

(1) $_8O^{2-}$ (2) $_{13}Al^{3+}$ (3) $_{20}Ca^{2+}$ (4) $_{35}Br^-$

(1)	(2)
(3)	(4)

□ **38.** 知識 **イオンの生成とエネルギー** 次の文中の（　）に適切な語句を入れよ。

(1) 原子から電子1個を取り去って、（ ア ）価の陽イオンにするのに必要な最小のエネルギーを（ イ ）という。一般に、この値が（ ウ ）い原子ほど、陽イオンになりやすい。

(2) 原子が電子を取り入れて陰イオンになるときに（ エ ）されるエネルギーを（ オ ）という。この値が（ カ ）い原子ほど、陰イオンになりやすい。

(ア)

(イ)

(ウ)

(エ)

(オ)

(カ)

□ **39.** 思考 **イオン化エネルギー** 次の表は、種々の原子の第1イオン化エネルギー〔kJ/mol〕を示している。下の各問に答えよ。

原子	$_3Li$	$_9F$	$_{10}Ne$	$_{11}Na$	$_{12}Mg$	$_{13}Al$	$_{16}S$	$_{17}Cl$
第1イオン化エネルギー〔kJ/mol〕	520	1681	2081	496	738	578	1000	1251

(1) 最も陽イオンになりやすい原子はどれか。元素記号で答えよ。
(2) 最も陽イオンになりにくい原子はどれか。元素記号で答えよ。

(1)

(2)

〔標準問題〕

□ **40.** 知識 **イオンの生成と電子配置** 次の電子配置をとる原子(ア)～(オ)について、下の各問に答えよ。

(ア) (イ) (ウ) (エ) (オ)

(1) (ア)～(オ)のうち、イオンになりにくいものはどれか。(ア)～(オ)の記号および元素記号で答えよ。
(2) 1価の陽イオンになりやすいものはどれか。(ア)～(オ)の記号で選び、生じるイオンを化学式で答えよ。
(3) 2価の陰イオンになりやすいものはどれか。(ア)～(オ)の記号で選び、生じるイオンを化学式で答えよ。
(4) イオンになったとき、Ar と同じ電子配置をとるものはどれか。(ア)～(オ)の記号で答えよ。

(1)	，
(2)	，
(3)	，
(4)	

□ **41.** **イオンの電子配置** 次の(ア)～(エ)のうち，2つのイオンの電子配置
が同じ組み合わせはどれか。

(ア) Li^+, Na^+ (イ) F^-, Cl^- (ウ) Na^+, Cl^- (エ) F^-, Mg^{2+}

□ **42.** **多原子イオンの電子の総数** 次の文中の( )に適切な語句や数値を
入れ，下の問いに答えよ。

　多原子イオンの電荷は，原子団全体の電荷を示している。例えば OH^- は，
OH 全体が -1 の電荷を帯びている。また，原子の電子の数は(ア)に等し
いので，OH^- の電子の総数は次のように求められる。

　　OH^- の電子の総数＝（Oの原子番号）＋（Hの原子番号）－電荷
　　　　　　　　　　　　＝(イ)＋1－(ウ)＝(エ)

(問) 電子の総数が OH^- と同じであるものを，(a)～(e)からすべて選べ。

(a) Ne (b) Ar (c) H_3O^+ (d) SO_4^{2-} (e) NH_4^+

(ア)
(イ)
(ウ)
(エ)
(問)

例題 ⑦ 原子・イオンの大きさ ⇒ 問題43, 44

次の(1)～(3)の原子やイオンの組み合わせについて，その大きさを比較したとき，大きいものはどちらか。それぞれ選べ。

(1) Li と Li^+ (2) F と F^- (3) Na^+ と Mg^{2+}

解説 (1) Li の最外殻はL殻であり，Li^+ の最外殻はK殻である。このように，
陽イオンになると最外殻が1つ内側の電子殻になるため，陽イオンの半径は，もと
の原子の半径よりも小さい。したがって，$Li>Li^+$
(2) 電子配置は，F と F^- の最外殻はいずれもL殻である。しかし，陰イオンになる
と，最外殻に入る電子が増加するので，電子どうしの反発が増加する。このため，
陰イオンの半径はもとの原子の半径より大きい。したがって，$F<F^-$
(3) Na^+ と Mg^{2+} はいずれもネオンと同じ電子配置をもつ。しかし，原子核の正電
荷は，Na は $+11$，Mg は $+12$ と Mg の方が大きい。同じ貴ガス型電子配置をとる
イオンの場合，原子核の正電荷が大きいと電子を強く引き付けるので，イオンの半
径は小さくなる。したがって，$Na^+>Mg^{2+}$

解答 (1) Li (2) F^- (3) Na^+

Advice
・電子殻が減少するため，
　原子＞陽イオン
・電子どうしの反発が増加
するため，
　原子＜陰イオン
・電子配置が同じ場合，原
子核の正電荷が大きい方
が，半径は小さい。

□ **43.** **原子・イオンの大きさ** 次の(ア)～(ウ)について，正しいものには○，
誤っているものには×を記せ。

(ア) ナトリウムイオン Na^+ の半径は，ナトリウム原子 Na の半径よりも大きい。
(イ) 塩化物イオン Cl^- の半径は，塩素原子 Cl の半径よりも大きい。
(ウ) 酸化物イオン O^{2-} の半径は，フッ化物イオン F^- の半径よりも大きい。

(ア)
(イ)
(ウ)

□ **44.** **イオンの大きさ** 電子殻の数や原子核の正電荷の大きさに着目し，次の(1)，(2)について，各イオンを
イオン半径の大きい順に並べよ。また，判断した理由を，それぞれ簡潔に記述せよ。

(1) Li^+, Na^+, K^+
(2) O^{2-}, F^-, Na^+, Mg^{2+}

(1)		理由
(2)		理由

6 元素の相互関係

📖 学習のまとめ

1 元素の周期律

元素を原子番号の順に並べると，価電子の数や第1イオン化エネルギーなどが周期的に変化する。性質の似た元素が周期的に現れることを元素の(ア　　　)という。

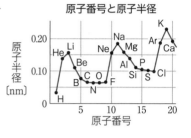

原子番号と価電子の数　　原子番号と第1イオン化エネルギー　　原子番号と原子半径

2 元素の分類

①**元素の周期表**　性質の似た元素を縦の列に配列した表が，元素の(イ　　　)である。周期表の縦の列を(ウ　　　)，横の行を(エ　　　)という。周期表の同じ族に属する元素を(オ　　　)元素という。

②**金属元素と非金属元素**　元素は，単体の性質に応じて，金属元素と(カ　　　)元素に分類される。金属元素は価電子の数が少なく，電子を失って陽イオンになりやすい。この性質を(キ　　　)という。一方，電子を受け取って陰イオンになりやすい性質を(ク　　　)という。

③**典型元素と遷移元素**

典型元素…1，2，13〜18族の元素群。同族元素は性質が類似。

遷移元素…3〜12族の元素群。すべて(ケ　　　)元素。同一周期のとなり合う元素でも性質が類似。

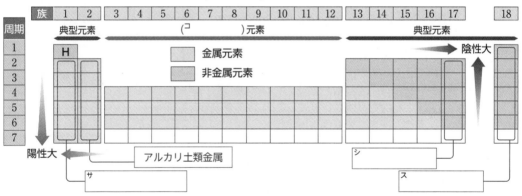

基本 問題

☐ **45. 元素の周期表**　図は元素の周期表の概略図である。次の(1)〜(6)にあてはまる元素を含む領域を(ア)〜(ク)の記号ですべて選べ。

(1) 遷移元素
(2) ハロゲン
(3) 貴ガス
(4) アルカリ金属
(5) アルカリ土類金属
(6) 金属元素

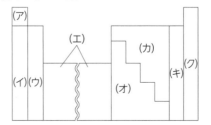

(1) _____
(2) _____
(3) _____
(4) _____
(5) _____
(6) _____

□ **46.** [知識] **イオン化エネルギーの周期性** 次の文中の(　)に適切な語句を入れよ。

第1イオン化エネルギーは，同一周期に属する原子では，アルカリ金属が最も（　ア　）く，貴ガスが最も（　イ　）い。また，同族元素では，原子番号が大きい原子ほど，（　ウ　）い。したがって，原子番号1〜20の原子では第1イオン化エネルギーの値が最も小さい原子は（　エ　）である。

（ア）_____

（イ）_____

（ウ）_____

（エ）_____

□ **47.** [知識] **元素の分類** 次の9種類の元素のうちから，下の(ア)〜(オ)にあてはまるものをそれぞれ(　)内の数だけ選び，元素記号で答えよ。ただし，同じものを何度選んでもよい。

He　Li　O　F　Mg　Al　Cl　Fe　Cu

（ア）典型元素であり，かつ非金属元素である。(4)

（イ）遷移元素である。(2)

（ウ）同族元素である。(2)

（エ）価電子を3個もつ。(1)

（オ）電子の最外殻がL殻である。(3)

（ア）_____

（イ）_____

（ウ）_____

（エ）_____

（オ）_____

╠═══════════ 標準 問題 ═══════════╣

□ **48.** [思考] **第2・3周期の元素** 次の表は，元素の周期表の第2周期と第3周期を表している。(ア)〜(ク)の元素について，下の各問に答えよ。

族\周期	1	2	13	14	15	16	17	18
2		(ア)	(イ)		(ウ)		(エ)	(オ)
3	(カ)			(キ)		(ク)		

(1) 表中の(ア)〜(ク)のうち，金属元素を選び，元素記号で示せ。

(2) 次の(a)〜(d)にあてはまる原子を(ア)〜(ク)の記号で答えよ。同じものを何度選んでもよい。

(a) 価電子の数が最も多い。　(b) イオン化エネルギーが最も大きい。

(c) 陰性が最も強い。　(d) 陽性が最も強い。

(1)_____

(2)(a)_____

(b)_____

(c)_____

(d)_____

□ **49.** [思考] **元素の周期律** 図は原子の第1イオン化エネルギーの値と，原子番号との関係を表したものである。図の(a, b, c)および(x, y, z)は同族元素である。次の文が正しければ○，誤りならば×を記せ。

（ア）x，y，zは1価の陽イオンになりやすい。

（イ）a，b，cは陰イオンになりやすい。

（ア）_____

（イ）_____

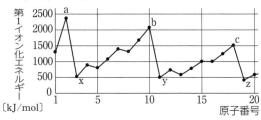

7 イオン結合と結晶

学習日	学習時間
/	分

📖 学習のまとめ

1 イオン結合と組成式

①**イオン結合** 陽イオンと陰イオンの間に生じる(^{ア} 　　　　)力による結合をイオン結合という。一般に，陽性の大きい(^{イ} 　　　)元素のイオンと陰性の大きい(^{ウ} 　　　)元素のイオンとの間に生じる。

②**組成式** イオン結合からなる物質は，構成するイオンの種類とその数を最も簡単な整数比で示した(^{エ} 　　　　)で表される。イオン結合からなる物質は，電気的に(^{オ} 　　　)性であり，次の関係が成り立つ。

> 陽イオンの価数×陽イオンの数＝陰イオンの価数×陰イオンの数

③**組成式のつくり方** （例）Al^{3+} と OH^- からなる物質

①	陽イオンを前，陰イオンを後に書く。	Al^{3+} 　OH^-
②	正負の電荷がつりあうように，イオンの数を合わせる。	(^{カ} 　　　)×[^{キ} 　　　] = (^{ク} 　　　)×[^{ケ} 　　　] 陽イオン　　陽イオン　　　　陰イオン　　　陰イオン の価数　　　の数　　　　　　の価数　　　の数
③	陽イオン，陰イオンの電荷を除き，②で求めた数を右下に示す。	Al_1 　OH_3
④	1は省略する。多原子イオンが2個以上の場合，多原子イオンを（　）で囲む。	(^{コ} 　　　　　　)
名称	物質の名称は，陰イオン，陽イオンの順に示す。「〜イオン」「〜物イオン」は省略する。	(^{サ} 　　　　　　　　　)

2 イオン結晶とその性質

①**イオン結晶** 陽イオンと陰イオンがイオン結合によって規則正しく配列した固体を(^{シ} 　　　　　)という。

　<イオン結晶の性質>

　①かたいが，割れやすい。

　②融点の(^{ス} 　　　)いものが多い。

　③結晶は電気を導かないが，(^{セ} 　　　　)や融解した液体
　　は電気を導く。

　④水に溶けるものが多い。 （例） $NaCl$，$Al_2(SO_4)_3$

②**電解質と非電解質** 塩化ナトリウム $NaCl$ は，水溶液中でイオンにわかれる（電離する）。このように，水溶液中で電離する物質を(^{ソ} 　　　　)という。一方，ショ糖（スクロース）$C_{12}H_{22}O_{11}$ は，水に溶けても電離しない。このように，水溶液中で電離しない物質を(^{タ} 　　　　)という。

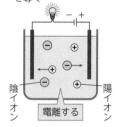

電解質
電解質の水溶液は電気を導く
陰イオン　陽イオン
電離する

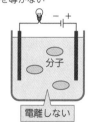

非電解質
非電解質の水溶液は電気を導かない
分子
電離しない

3 イオン結晶の利用

イオン結晶	NaCl	NaOH	Na₂CO₃	(^{チ} 　　　)
利用	調味料 食品保存料	セッケンや合成洗剤の原料	ガラスの原料	ベーキングパウダー 胃腸薬
イオン結晶	(^{ツ} 　　　)	(NH₄)₂SO₄	(^{テ} 　　　)	BaSO₄
利用	凍結防止剤 乾燥剤	窒素肥料	貝殻，卵殻，石灰石 チョーク，歯磨き粉	レントゲン撮影での造影剤

□ **50. イオンと組成式** 次のイオンからできる物質の組成式と名称をそれぞれ記せ。

陰イオン ＼ 陽イオン		NH_4^+ アンモニウムイオン	Ca^{2+} カルシウムイオン	Fe^{3+} 鉄(Ⅲ)イオン
Cl^- 塩化物イオン	組成式	ア	イ	ウ
	名称	エ	オ	カ
SO_4^{2-} 硫酸イオン	組成式	キ	ク	ケ
	名称	コ	サ	シ
PO_4^{3-} リン酸イオン	組成式	ス	セ	ソ
	名称	タ	チ	ツ

□ **51. イオン結晶の性質** 次の記述について，誤りを含むものを1つ選べ。

(ア) イオン結晶は，多数のイオンが規則正しく並んだ固体である。

(イ) イオン結晶は，一般にかたいが割れやすい。

(ウ) イオン結晶は，融点の低いものが多い。

(エ) イオン結晶の水溶液は，電気をよく導く。

□ **52. 電解質と非電解質** 次の(ア)〜(オ)の物質を次の(1)〜(3)に分類せよ。

(1) 水に溶けて電気を導くもの

(2) 水に溶けても電気を導かないもの

(3) 水に溶けないもの

  (ア) 塩化ナトリウム   (イ) 硫酸アルミニウム   (ウ) アルミニウム

  (エ) ショ糖(スクロース)   (オ) 水酸化ナトリウム

(1) ＿＿＿＿＿＿

(2) ＿＿＿＿＿＿

(3) ＿＿＿＿＿＿

□ **53. イオン結晶の性質** 次の記述について，正しいものをすべて選べ。

(ア) イオン結晶では，正電荷の総量と負電荷の総量の絶対値が等しい。

(イ) イオン結晶は，固体でも液体でも電気をよく導く。

(ウ) イオン結晶が割れやすいのは，外力によってイオン結合の面がずれることにより，電気的な反発が生じるためである。

(エ) イオン結晶はすべて水に溶ける。

□ **54. 身のまわりのイオン結晶** 次の文中の[　]に適切な化学式を，（　）に適切な語句を入れよ。

　塩化カルシウム(化学式[　ア　])は吸湿性が強いので，（　イ　）剤として用いられている。炭酸水素ナトリウム(化学式[　ウ　])は，加熱により[　エ　]が発生するので，菓子の生地を膨らませるのに用いられる。

　炭酸カルシウム(化学式[　オ　])は，貝殻やサンゴ，卵の殻の主成分であり，天然には石灰石としても存在する。硫酸バリウム(化学式[　カ　])は，水に溶けにくく，X線を透過させにくいので，胃などのレントゲン撮影で（　キ　）剤に利用されている。

(ア) ＿＿＿＿＿＿

(イ) ＿＿＿＿＿＿

(ウ) ＿＿＿＿＿＿

(エ) ＿＿＿＿＿＿

(オ) ＿＿＿＿＿＿

(カ) ＿＿＿＿＿＿

(キ) ＿＿＿＿＿＿

8 分子と共有結合

📖 学習のまとめ

1 共有結合と分子の形成

原子どうしが電子を共有して生じる結合を（ア　　　　　）といい，いくつかの原子が共有結合によって結びついた粒子を（イ　　　　　）という。分子は構成原子を元素記号で示し，その数を右下に添えた（ウ　　　　　）で表される。分子内の原子は，貴ガスに似た電子配置となっている。

H・ 水素原子　・H 水素原子　⇒　H:H 水素分子

水素分子中の水素原子の電子配置はヘリウム原子の電子配置に似ている。 He:

構成原子の元素記号
H_2O
原子の数（1は省略）

2 電子式と構造式

①**電子式**　元素記号に最外殻電子を点（・）で書き添えたものを（エ　　　　　）という。原子のもつ不対電子が，他の原子の不対電子と電子対をつくり，共有されることで共有結合が形成される。

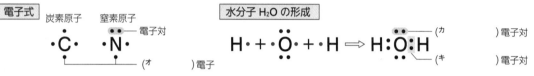

電子式　炭素原子　窒素原子　　　　電子対

・C・　・N・

（オ　　　　　）電子

水分子 H_2O の形成

H・ + ・Ö・ + ・H ⇒ H:Ö:H

（カ　　　　　）電子対
（キ　　　　　）電子対

②**構造式**　分子内の共有結合を，線（価標）を用いて分子を示した式を（ク　　　　　）という。構造式において，1つの原子から出る線の数を原子価という。構造式は，原子価を満たすように示される。

原子	水素 H	炭素 C	窒素 N	酸素 O	フッ素 F
電子式	H・ 不対電子	・C・	・N・ 電子対	・Ö・	ケ
不対電子の数	1	4	コ	サ	1
原子価	1	4	シ	ス	1
	H−	−C−	−N−	−O−	F−

③**分子の形と分類**　分子は固有の形をしており，構成する原子の数に応じて，次のように分類される。

（セ　　　　　）分子：原子1個からなる分子　　　二原子分子：原子2個からなる分子

多原子分子：原子3個以上からなる分子　　　高分子：きわめて多数の原子からなる分子

分子	メタン	アンモニア	水	二酸化炭素	窒素
分子式	CH_4	NH_3	H_2O	CO_2	N_2
電子式	H:C:H（H上下）	H:N:H（H上）非共有電子対／共有電子対	H:Ö:H	:Ö::C::Ö:	:N:::N:
非共有電子対	0	1	2	4	2
共有電子対	4	3	2	4	3
構造式	H−C−H（H上下）	H−N−H（H下）	H−O−H 単結合	O=C=O 二重結合	N≡N 三重結合
分子の形	正四面体形	三角錐形	折れ線形	直線形	直線形

3 配位結合と錯イオン

①**配位結合** 一方の原子から供与された非共有電子対が共有されて生じる共有結合を(^{ソ}　　　　　)結合という。

(例)NH_4^+ アンモニウムイオン　　　　　　　　　　H_3O^+ (^{タ}　　　　　　)イオン

②**錯イオン** 分子やイオンの非共有電子対と金属イオンが(^{チ}　　　　　　)結合を形成して生じたイオンを錯イオンという。

(^{ツ}　　　　　　)：金属イオンと配位結合する分子やイオン　　配位数：錯イオン中の配位子の数

③**錯イオンの名称** 》発展

錯イオン	ジアンミン銀(Ⅰ)イオン	テトラアクア銅(Ⅱ)イオン	テトラヒドロキシド亜鉛(Ⅱ)酸イオン	ヘキサシアニド鉄(Ⅲ)酸イオン
化学式	$[Ag(NH_3)_2]^+$	$[Cu(H_2O)_4]^{2+}$	$[Zn(OH)_4]^{2-}$	$[Fe(CN)_6]^{3-}$
配位数	2	4	(^{テ}　　　)	(^{ト}　　　)
配位子名称	H:N:H H 非共有電子対 アンミン	H:O:H アクア	[:O:H]⁻ ヒドロキシド	[:C⋮⋮N:]⁻ シアニド
形	直線形	正方形	正四面体形	正八面体形

●は金属イオン，●は配位子を表す。錯イオンの名称は，配位子の数＋配位子＋中心金属の順に示し，「〜イオン」を添える。陰イオンの場合は「〜酸イオン」とする。化学式は[　]の中に中心金属，配位子の順に示す。

4 極性

①**結合の極性** 異種の原子間の共有結合では，共有電子対が一方の原子にかたよって存在し，電荷のかたよりを生じている。このように，結合に電荷のかたよりがあることを，結合に(^{ナ}　　　)があるという。

(^{ニ}　　　　　　　　)…原子が共有電子対を引きつける強さの尺度。結合した原子間の電気陰性度の差が大きいほど，結合の極性は大きい。

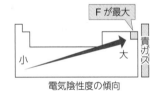

電気陰性度の傾向

②**極性分子と無極性分子**

	(^{ヌ}　　　　　)分子(分子全体として極性を示す)		(^{ネ}　　　　　)分子(分子全体として極性を示さない)	
二原子分子	異なる元素の原子からなる分子(例)フッ化水素 HF　H δ+ δ- F		同じ元素の原子からなる分子(例)水素 H_2　H H	フッ素 F_2　F F
多原子分子	(例)水 H_2O　O δ- δ+ δ+ H H	アンモニア NH_3　N δ+ δ- δ+ H H δ+ H	分子全体として結合の極性が打ち消される分子(例)二酸化炭素 CO_2　O C O δ- δ+ δ-	メタン CH_4　H C H H H δ+ δ-

③**極性と物質の溶解性** 極性分子どうしは互いに混合しやすく，極性分子と無極性分子は混合しにくい傾向がある。また，無極性分子どうしも互いに混合しやすい。

(例) 無極性分子であるヨウ素は水に(^{ノ}　　　　　)が，無極性分子であるヘキサンには(^{ハ}　　　　　)。

例題 8 分子　　　　　　　　　　　　　　　　　　　　　　➡ 問題56, 57

水素原子 $_1$H，窒素原子 $_7$N について，次の各問に答えよ。
(1) H，N の価電子の数，電子式，不対電子の数および原子価を記せ。
(2) N原子1個とH原子3個が結合してできる分子の構造式と分子式を記せ。
(3) (2)の分子を電子式で表したとき，共有電子対は何組あるか。

解説　(1)，(2)　$_1$H の左下の数字1が原子番号なので，電子配置は K1 と表され，価電子の数は1である。同様に，$_7$N の電子配置は K2，L5 であり，価電子の数は5である。

　原子の最外殻電子のようすは，元素記号に最外殻電子を点（・）で書き添えた電子式で表すことができる。HとNを電子式で表すと，・H，$\cdot \ddot{\underset{\cdot}{N}} \cdot$ となる。

　対になっていない電子を不対電子といい，不対電子の数は原子価に相当する。

(3) NH_3 の電子式は図のようになるので，NH_3 には，共有電子対が3組，非共有電子対が1組存在する。

Advice
原子においては，電子の数は原子番号（陽子の数）と一致する。K殻，L殻…に入る電子の最大収容数は，$2n^2$（内側から順に $n=1$，2…）である。

$$\underset{\underset{\text{H}}{|}}{\text{H}\!:\!\overset{\cdots}{\underset{\cdots}{\text{N}}}\!:\!\text{H}}$$
──非共有電子対
──共有電子対

解答

(1)

	水素 H	窒素 N
価電子	1	5
電子式	・H	$\cdot \ddot{\underset{\cdot}{N}} \cdot$
不対電子の数	1	3
原子価	1	3

(2) 構造式　H－N－H
　　　　　　　　│
　　　　　　　　H

　　分子式 NH_3

(3) **3組**

□ **55.** 知識 **分子の形成**　次の文中の（　）に適する語句や数値，[　]に化学式を入れよ。

　水素原子と酸素原子は，互いに電子を出し合い，共有することによって結びつき，水分子をつくる。このような結合を（　ア　）結合という。原子の種類によって不対電子の数は決まっており，水素原子では（　イ　）個，酸素原子では（　ウ　）個，炭素原子では（　エ　）個である。したがって，酸素原子1個に水素原子が（　オ　）個結合して分子をつくる。これが水であり，分子式では[　カ　]と表す。また，炭素原子1個には水素原子が（　キ　）個結合して分子をつくる。これがメタンであり，分子式で[　ク　]と表す。

（ア）	＿＿＿＿＿
（イ）	＿＿＿＿＿
（ウ）	＿＿＿＿＿
（エ）	＿＿＿＿＿
（オ）	＿＿＿＿＿
（カ）	＿＿＿＿＿
（キ）	＿＿＿＿＿
（ク）	＿＿＿＿＿

□ **56.** 知識 **電子式**　例にならって，次の元素記号の周囲に・をつけ，電子式を記せ。

族	1	2	13	14	15	16	17	18
	(例) H・							He
	Li	Be	B	C	N	O	F	Ne
	Na	Mg	Al	Si	P	S	Cl	Ar

☐ **57.** 知識 **分子の形成と電子式** 例にならって，次の表を完成させよ。

分子	分子の形成を表す電子式	共有電子対		非共有電子対	
(例) 水 H_2O	$H\cdot + \cdot\ddot{O}\cdot + \cdot H \longrightarrow H:\ddot{O}:H$	2	組	2	組
塩化水素 HCl			組		組
塩素 Cl_2			組		組
二酸化炭素 CO_2			組		組

☐ **58.** 知識 **分子に含まれる電子の総数** 次の各分子の電子の総数を記せ。

(1) 水分子 H_2O

(2) 塩素分子 Cl_2

(3) 二酸化炭素分子 CO_2

(1) _____

(2) _____

(3) _____

☐ **59.** 知識 **構造式・電子式・分子の形** 次の各分子の電子式と構造式を記せ。また，分子の形(直線・折れ線・三角錐・正四面体)も記せ。

分子	フッ素 F_2	窒素 N_2	水 H_2O
電子式	ア	イ	ウ
構造式	エ	オ	カ
分子の形	キ	ク	ケ

分子	アンモニア NH_3	メタン CH_4	二酸化炭素 CO_2
電子式	コ	サ	シ
構造式	ス	セ	ソ
分子の形	タ	チ	ツ

☐ **60.** 知識 **構造式・分子の形** 次に示す(ア)～(オ)の分子のうち，(1)～(5)の各記述にあてはまるものをそれぞれ1つずつ選び，記号で答えよ。ただし，同じ選択肢を繰り返し用いてもよいものとする。

(ア) 塩化水素　(イ) 水　(ウ) 二酸化炭素　(エ) 窒素
(オ) アンモニア

(1) 二重結合をもつもの

(2) 三重結合をもつもの

(3) 共有電子対を1組もつもの

(4) 非共有電子対を最も多くもつもの

(5) 分子構造が折れ線形(V字形)であるもの

(1) _____

(2) _____

(3) _____

(4) _____

(5) _____

□ **61.** 知識 **配位結合** 次の文中の（　　）に適する語句や数値，[　　]に化学式を記せ。

　　水分子 H_2O が，非共有電子対を水素イオン H^+ と共有すると，オキソニウムイオン[　ア　]を生じる。

$$H_2O + H^+ \longrightarrow [\text{ア}]$$

　　このようにして形成される結合を（　イ　）結合という。1個のオキソニウムイオンに含まれる共有電子対は（　ウ　）組であり，非共有電子対は（　エ　）組である。

(ア) ＿＿＿＿＿＿＿

(イ) ＿＿＿＿＿＿＿

(ウ) ＿＿＿＿＿＿＿

(エ) ＿＿＿＿＿＿＿

□ **62.** 知識 **錯イオン** 次の文中の（　　）に適切な語句を記せ。

　　分子やイオンに含まれる非共有電子対を，金属イオンと共有して生じるイオンを（　ア　）といい，（ア）を含む化合物を錯塩という。金属イオンと配位結合を形成する分子やイオンを（　イ　），その数を（　ウ　）という。例えば，ジアンミン銀（Ⅰ）イオン $[Ag(NH_3)_2]^+$ において（イ）は（　エ　）で，その（ウ）は（　オ　）である。

(ア) ＿＿＿＿＿＿＿

(イ) ＿＿＿＿＿＿＿

(ウ) ＿＿＿＿＿＿＿

(エ) ＿＿＿＿＿＿＿

(オ) ＿＿＿＿＿＿＿

□ **63.** 知識 **電気陰性度と結合の極性** 次の文中の（　　）に適切な語句を記せ。

　　水素分子のように同種の原子間に形成される共有結合においては，（　ア　）電子対はどちらかの原子にかたよることなく，均等に共有されている。一方，異種の原子間に形成される共有結合においては，（ア）電子対はいずれか一方の原子にかたよっている。このとき，（ア）電子対を引き寄せている方の原子は（　イ　）の電荷をもち，他方の原子は（　ウ　）の電荷をもっている。このように結合にかたよりがあることを結合に（　エ　）があるという。

同種の原子間の結合

異種の原子間の結合

(ア) ＿＿＿＿＿＿＿

(イ) ＿＿＿＿＿＿＿

(ウ) ＿＿＿＿＿＿＿

(エ) ＿＿＿＿＿＿＿

□ **64.** 思考 **分子の極性** 次の各問に答えよ。

(1) 次の結合のうち，結合に極性があるものをすべて記号で選べ。

　（ア）$F-F$　　（イ）$H-F$　　（ウ）$H-Br$　　（エ）$H-H$

(2) 水分子における $O-H$ よりも極性が大きいものを1つ選べ。ただし，各原子の電気陰性度は $F : 4.0$，$O : 3.4$，$Br : 3.0$，$H : 2.2$ である。

　（ア）$H-H$　　（イ）$H-F$　　（ウ）$H-Br$

(3) 下図のように H_2O は折れ線形，CO_2 は直線形をしている。各分子は，その形状から判断して極性分子か無極性分子か答えよ。

水分子 H_2O

二酸化炭素分子 CO_2

(1) ＿＿＿＿＿＿＿

(2) ＿＿＿＿＿＿＿

(3) H_2O ＿＿＿＿＿＿＿

　　　CO_2 ＿＿＿＿＿＿＿

□ **65.** 分子の極性 　次の表中の分子について，分子の形（直線・折れ線・三角錐・正四面体）を記し，極性分子，無極性分子にそれぞれ分類せよ。

分子	ヨウ素 I_2	塩化水素 HCl	酸素 O_2
分子の形	ア	イ	ウ
極性分子 無極性分子	エ　　　　　　　分子	オ　　　　　　　分子	カ　　　　　　　分子
分子	水 H_2O	ホスフィン PH_3	四塩化炭素 CCl_4
分子の形	キ	ク	ケ
極性分子 無極性分子	コ　　　　　　　分子	サ　　　　　　　分子	シ　　　　　　　分子

□ **66.** 分子の極性と溶解性 　次の組み合わせのうち，互いに混ざりやすいものには○，混ざりにくいものには×を記せ。ただし，ヘキサンは無極性分子である。

(1) 水 H_2O と塩化水素 HCl

(2) 水とヨウ素 I_2

(3) ヘキサン C_6H_{14} とヨウ素 I_2

(4) ヘキサンと塩化ナトリウム NaCl

(1) ＿＿＿＿＿＿＿

(2) ＿＿＿＿＿＿＿

(3) ＿＿＿＿＿＿＿

(4) ＿＿＿＿＿＿＿

‖‖‖‖‖‖‖‖‖‖‖‖‖‖‖‖‖‖‖‖‖‖‖‖‖‖‖‖‖ **標準** 問題 ‖‖‖‖‖‖‖‖‖‖‖‖‖‖‖‖‖‖‖‖‖‖‖‖‖‖‖

□ **67.** 分子の構造 　①～④の分子について，次の各問に答えよ。

① CO_2　② HCl　③ N_2　④ CF_4

(1) ④の構造式を記せ。

(2) 三重結合をもつものはどれか。番号で答えよ。

(3) 非共有電子対の総数が最も多いものはどれか。番号で答えよ。

(4) ①，④の分子の形状は，それぞれ次のうちのどれか。

（ア）直線形　　　（イ）折れ線形

（ウ）三角錐形　　（エ）正四面体形

(5) 極性分子はどれか。番号で答えよ。

(1) ＿＿＿＿＿＿＿

(2) ＿＿＿＿＿＿＿

(3) ＿＿＿＿＿＿＿

(4) ①＿＿＿＿＿＿

　　④＿＿＿＿＿＿

(5) ＿＿＿＿＿＿＿

□ **68.** 無極性分子 　次のうち，結合には極性があるが，分子全体では無極性になっているものはどれか。記号で答えよ。

（ア）HF　　（イ）CS_2　　（ウ）NH_3　　（エ）Br_2

＿＿＿＿＿＿＿

□ **69.** イオン結合と共有結合

ポーリングによれば，2種の元素の原子間の電気陰性度の差がおよそ2以

元素	Na	H	Cl	F
電気陰性度	0.9	2.2	3.2	4.0

上のとき，共有電子対は電気陰性度が大きい方の原子に完全に移り，イオン結合を形成するとみなされる。次の原子間の結合のうち，イオン結合と考えられるものを2つ選べ。ただし，電気陰性度は表のようになる。

（ア）Na と Cl　　（イ）H と Cl　　（ウ）Na と F　　（エ）F と F

＿＿＿＿＿＿＿

9 分子からなる物質

📖 学習のまとめ

1 分子結晶と共有結合の結晶

	分子結晶	共有結合の結晶
結晶を構成する粒子	分子	原子
結晶の状態	多数の分子が分子間にはたらく弱い引力(分子間力)によって規則正しく配列した固体	多数の原子がすべて共有結合で結びつき規則正しく配列した固体
物質を表す化学式	(ア　　　)式	(イ　　　)式
結晶の性質	・やわらかく,くだけやすい。 ・融点が(ウ　　　)いものが多い。 ・固体は電気を導かない。 ・昇華しやすいものがある。	・非常にかたい(黒鉛はやわらかい)。 ・融点が非常に(エ　　　)い。 ・水に溶け(オ　　　)い。 ・電気を導き(カ　　　)い(黒鉛は導く)。
例	ヨウ素 I_2, ドライアイス CO_2, 水 H_2O, スクロース $C_{12}H_{22}O_{11}$ 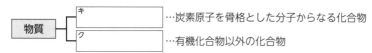 ドライアイス	ダイヤモンド C, 黒鉛 C, ケイ素 Si, 二酸化ケイ素 SiO_2 ダイヤモンド

2 分子からなる物質の利用

物質 ┬ キ［　　　　　　］…炭素原子を骨格とした分子からなる化合物
　　　└ ク［　　　　　　］…有機化合物以外の化合物

①無機物質

水素 H_2…無色,無臭の気体。燃料電池などに用いられる。

窒素 N_2…無色,無臭の気体。液体窒素は冷却材に用いられる。

アンモニア NH_3…無色,刺激臭の気体。水によく溶け,水溶液はアルカリ性を示す。

> CO_2 や Na_2CO_3 などは,炭素を含んでいるが,無機物質に分類される。

②有機化合物

メタン CH_4…空気より軽い。都市ガスに用いられる。

エチレン C_2H_4…高分子化合物の原料として用いられる。

エタノール C_2H_5OH…水によく溶け,酒類に含まれる。燃料や消毒薬に用いられる。

③高分子化合物　きわめて多数の原子からできている分子からなる化合物を(ケ　　　　　　)という。

高分子化合物 ┬ コ［　　　　　　］…人工的に合成される。　(例)ポリエチレン,ポリ塩化ビニル
　　　　　　　└ サ［　　　　　　］…天然に存在する。　　　(例)デンプン,タンパク質

原料となる小さい分子を(シ　　　　　　)といい,生成した大きな分子を(ス　　　　　　)という。また,単量体から重合体ができる反応を(セ　　　　　　)という。

(例)ポリエチレン

… + 🔵🔵 + 🔵🔵 + 🔵🔵 + …　重合 ⇒ …🔵🔵🔵🔵🔵🔵…
エチレン(単量体)　　　　　　　　　　　ポリエチレン(重合体)

3 分子間の結合 〉発展

①**分子間力** 分子間にはたらく力は，分子間力と総称される。分子間力には，(ソ　　　　　　　　　　　　)力，極性分子間にはたらく静電気的な引力，水素結合などがある。これらはイオン結合や共有結合よりもはるかに(タ　　　　)い。物質の沸点は物質を構成する粒子間の結合力が強いほど(チ　　　　)くなる。

ファンデルワールス力…すべての分子にはたらく弱い引力。分子の質量が大きいほど(ツ　　　　)くはたらく。

極性分子間にはたらく引力…分子の質量がほぼ等しい分子からなる物質では，極性分子からなる物質の方が無極性分子からなる物質よりも沸点が(テ　　　　)い。

水素結合…電気陰性度の大きい原子(F, O, N)の間に水素原子Hが介在することによって生じる静電気的な引力による結合。一般に，ファンデルワールス力による結合よりも強い。

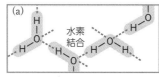

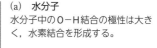

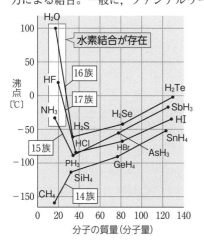

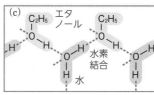

(a) **水分子**
水分子中のO−H結合の極性は大きく，水素結合を形成する。

(b) **フッ化水素分子**
フッ化水素分子中のH−F結合の極性も大きい。

(c) **水分子とエタノール分子**
水素結合は異種の分子間にも形成される。

②**分子からなる物質の沸点** 分子の質量(分子量)がほぼ等しい場合，物質の沸点は次の順で高くなる。

　　無極性分子＜極性分子＜水素結合をする分子

③**水の密度** 一般に，物質の密度は，固体の方が液体よりも(ト　　　　)いが，氷は水素結合のため，すき間の多い構造をとるので，氷の密度は水の密度よりも(ナ　　　　)く，氷は水に浮く。

 問題

例題 ⑨ 分子結晶の性質　　　　　　　　　　　　　　　➡ 問題70

次の文は分子結晶の性質を述べたものである。誤っているものを1つ選べ。
(ア) やわらかく，くだけやすい。　(イ) 融点の低いものが多い。
(ウ) 融解すると，電気を導く。　　(エ) 昇華しやすいものがある。

解説 （ア）（正） 分子結晶は，分子間にはたらく引力が弱いため，やわらかく，くだけやすい。
（イ）（正） （ア）と同様に，分子間にはたらく引力が弱いため，融点も低い。
（ウ）（誤） 分子結晶は固体，液体，気体のどの状態でも電気伝導性を示さない。
（エ）（正） 結合力の弱い分子間力で分子が配列しているため，分子結晶には，ヨウ素やナフタレン，ドライアイスなどのように，液体を経ずに直接気体になるものもある。このような性質を昇華性という。

解答 （ウ）

Advice
分子内で分子を構成する原子の間にはたらく力は共有結合で，分子と分子の間にはたらく力は分子間力である。分子結晶の性質は，分子間力によって決定される。

□ **70. 分子からなる物質の状態** 次の文中の( )にあてはまる物質を, 下
の語群から選べ。

 一般に, 分子からできる物質は融点や沸点が低く, (ア)のように常温で
気体のものや, (イ)のように液体のものが多い。(ウ)やナフタレンの
ように質量の大きい分子からなる物質には, 常温で固体のものもある。(ア)や
(イ)も低温にすると固体になる。

(語群) ヨウ素   エタノール   二酸化炭素

(ア) _____
(イ) _____
(ウ) _____

思考

□ **71. 共有結合の結晶の性質** 次の文は共有結合の結晶の一般的な性質を述
べたものである。誤っているものを1つ選べ。

(ア) 非常にかたい。   (イ) 融点が高い。
(ウ) 固体は電気をよく導く。   (エ) 水に溶けにくい。

_____

知識

□ **72. ダイヤモンドと二酸化ケイ素** 次の文中の
( )に適切な語句, [ ]に適切な化学式を入れよ。 
 ダイヤモンドや二酸化ケイ素は, すべての原子が
(ア)結合で連なってできている。ダイヤモンドは,
図のように, 炭素原子のみからなり, [イ]と表され
る。また, 二酸化ケイ素は, 構成するケイ素原子と酸素
原子の数の比が1:2であり, [ウ]と表される。[イ]や[ウ]は(エ)式と
よばれる。

炭素原子

(ア) _____
(イ) _____
(ウ) _____
(エ) _____

知識

□ **73. 物質の分類** 次の物質を(a)イオン結晶, (b)共有結合の結晶, (c)分子か
らなる物質に分類し, それぞれ記号で示せ。

(ア) ケイ素 Si   (イ) ドライアイス CO_2
(ウ) 二酸化ケイ素 SiO_2 (エ) ヨウ素 I_2
(オ) 塩化カリウム KCl   (カ) 塩化水素 HCl
(キ) フッ化水素 HF   (ク) フッ化カルシウム CaF_2
(ケ) 硫化ナトリウム Na_2S (コ) 窒素 N_2

(a) _____
(b) _____
(c) _____

知識

□ **74. 高分子化合物** 高分子化合物には天然高分子化合物と合成高分子化合物
がある。次の化合物から合成高分子化合物を選び, 記号で答えよ。

(ア) ポリエチレン   (イ) タンパク質
(ウ) デンプン   (エ) ポリ塩化ビニル

_____

知識

□ **75. 物質の性質と分類** (a)~(c)の性質を示す物質を, 下の(ア)~(カ)から
2つずつ選び, 記号で答えよ。

(a) 固体は電気を導かず, 昇華性を示す。
(b) 固体は電気を導かないが, 融解液は電気を導く。
(c) 水に溶けず, 融点が極めて高く, 電気を導かない。

(ア) 二酸化ケイ素 SiO_2 (イ) ドライアイス CO_2
(ウ) ヨウ素 I_2 (エ) 硝酸カリウム KNO_3
(オ) 塩化ナトリウム NaCl   (カ) ダイヤモンド C

(a) _____ , _____
(b) _____ , _____
(c) _____ , _____

□ 76. **分子間にはたらく力** 次の文中の( )に適切な語句を入れよ。

ヨウ素はヨウ素分子 I_2, ドライアイスは二酸化炭素分子 CO_2 からなる固体であり, (ア)結晶とよばれる。分子を構成する原子は, 互いに(イ)結合で結びついている。これらの無極性分子からなる物質では, 分子どうしは(ウ)力とよばれる弱い引力で集合し, 規則正しく配列している。この引力は, 構造の似た分子では, 分子の質量が大きいほど, (エ)くはたらく。

図のように, 16族元素の水素化合物では, 分子の質量が最も小さい水 H_2O の沸点が他の同族元素の水素化合物よりも(オ)い。これは, 水分子間に(カ)結合が存在するためである。(ウ)力や(カ)結合などの分子間の相互作用を総称して, (キ)という。

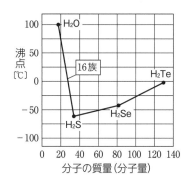

(ア) _____

(イ) _____

(ウ) _____

(エ) _____

(オ) _____

(カ) _____

(キ) _____

□ 77. **物質の沸点** 次の物質の組み合わせのうち, より沸点が高い物質はどちらか。化学式で答えよ。また, その理由を(ア)~(エ)から記号で選べ。

(1) F_2, Cl_2 (2) SiO_2, CO_2

(3) H_2S, O_2 (4) HF, HCl

[理由]

(ア) この物質は極性分子からなる。

(イ) この物質は水素結合を形成する分子からなる。

(ウ) いずれも無極性分子からなるが, この物質をつくる分子間にはたらくファンデルワールス力の方が大きい。

(エ) この物質は共有結合の結晶で, 他方は分子からなる物質である。

(1) _____ 理由 ____

(2) _____ 理由 ____

(3) _____ 理由 ____

(4) _____ 理由 ____

□ 78. **氷の特徴** 次の文中の( )に適切な語句を入れよ。

物質の密度は, 一般に, 固体の方が液体よりも(ア)い。しかし, 水は固体よりも液体の密度の方が(イ)い。これは, 図のように, 氷では水分子が(ウ)結合で固定され, すき間の多い構造をとっているのに対して, 液体の水になると, その配列がくずれ, すき間の少ない構造となるためである。

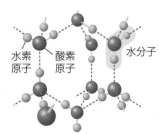

水素原子　酸素原子　水分子

(ア) _____

(イ) _____

(ウ) _____

□ 79. **ダイヤモンドと黒鉛** ダイヤモンドと黒鉛は, いずれも炭素Cからなる同素体である。ダイヤモンドは電気を導きにくいが, 黒鉛は電気をよく導く。黒鉛が電気を導きやすい理由を簡潔に示せ。

_____

_____

10 金属と金属結合／結晶の比較

📖 学習のまとめ

1 金属結合と金属結晶

①金属結合

隣接した金属原子の最外殻が重なり合い，価電子は特定の原子に固定されず，金属内を自由に動きまわり，多数の金属原子を互いに結びつけるはたらきをしている。このような電子を(^{ア}　　　　　)電子という。自由電子による結合を(^{イ}　　　　　)結合といい，この結合によってできた結晶を(^{ウ}　　　　　)結晶という。

自由電子

②金属結晶の性質

(a)　金属光沢を示す。

(b)　固体でも(^{エ}　　　　　)性や熱伝導性にすぐれる。

熱や電気を導くことができる自由電子が，金属中を移動できるためである。

高温になるほど自由電子が移動しにくくなり，金属の電気伝導性は(^{オ}　　　　　)くなる。

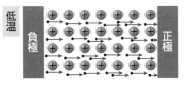 加熱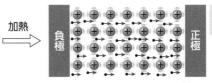

(c)　展性や延性をもつ。

(^{カ}　　　　　)…たたいて箔にできる性質　　　(^{キ}　　　　　)…引き延ばして線にできる性質

(d)　融点は水銀 Hg のように(^{ク}　　　　　)いものから，タングステンWのように(^{ケ}　　　　　)いものまである。

2 金属の利用と合金

①金属の利用　多くの金属が，用途に応じ，さまざまな身のまわりのものに利用されている。

(a)　鉄…磁石に引きつけられる性質を持つ。加工が比較的容易。　**利用** 機械・建築資材・日用品など

(b)　アルミニウム…密度が小さく展性・延性に富む。　**利用** 1円硬貨・アルミサッシ・食器など

(c)　(^{コ}　　　　　)…赤味を帯びた金属。銀に次いで電気や熱をよく導く。　**利用** 導線・調理器具など

(d)　銀…すべての金属の中で電気や熱の伝導性に最もすぐれる。　**利用** 装飾品・食器など

(e)　亜鉛…常温ではややもろく，加工しにくい。　**利用** 乾電池の負極素材，鉄の表面のめっき素材など

②合金　2種類以上の金属を溶かし合わせてつくられたものを(^{サ}　　　　　)という。合金は元の金属とは異なる性質を示す。身のまわりで利用される金属は，用途に応じ，合金の形で用いられることが多い。

(a)　(^{シ}　　　　　)…主成分 Cu・Zn　真鍮(しんちゅう)とも呼ばれる。黄色の光沢を示し，さびにくい。
利用 ホルンなどの金管楽器や5円硬貨など

(b)　(^{ス}　　　　　)…主成分 Cu・Sn　ブロンズとも呼ばれる。加工しやすく，耐食性にすぐれる。
利用 銅像や釣り錘など

(c)　(^{セ}　　　　　)…主成分 Cu・Ni　白色光沢を示し，加工性や酸・アルカリに対する耐食性にすぐれる。
利用 50円硬貨や100円硬貨など

(d)　ステンレス鋼…主成分 Fe・Cr・Ni　耐食性にすぐれ，さびにくい。
利用 キッチンの流し台や台所用品，工具など

(e)　ニクロム…主成分 Ni・Cr　電気抵抗が比較的大きい合金。そのため電流を流すと発熱する。
利用 ヘアドライヤーの電熱線や電熱器の発熱体など

3 結晶のでき方の比較

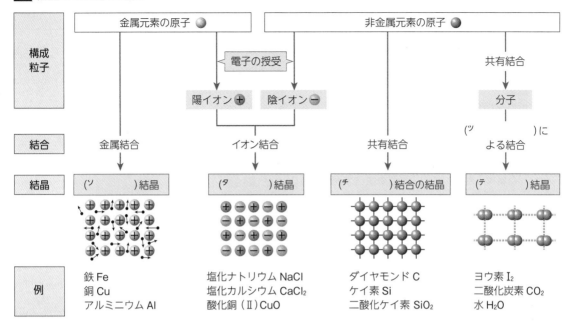

構成粒子				
結合	金属結合	イオン結合	共有結合	(ツ　　　)による結合
結晶	(ソ　　　)結晶	(タ　　　)結晶	(チ　　　)結合の結晶	(テ　　　)結晶
例	鉄 Fe 銅 Cu アルミニウム Al	塩化ナトリウム NaCl 塩化カルシウム $CaCl_2$ 酸化銅（II）CuO	ダイヤモンド C ケイ素 Si 二酸化ケイ素 SiO_2	ヨウ素 I_2 二酸化炭素 CO_2 水 H_2O

4 結晶の性質の比較

結晶	金属結晶	イオン結晶	共有結合の結晶	分子結晶
化学式	組成式	組成式	組成式	分子式
構成粒子	金属元素の原子	陽イオン・陰イオン	非金属元素の原子	分子
電気伝導性	よい	よくない❶	よくない❷	よくない
融点	低い～高い	(ト　　　)い	非常に(ナ　　　)い	(ニ　　　)い❸
水への溶解性	溶けにくい❹	溶けるものが多い	溶けにくい	溶けにくいものが多い
性質	展性・延性を示す	かたいが, 割れ(ヌ　　　)い	非常にかたい	やわらかく，くだけやすい

❶水溶液や融解液は電気伝導性を(ネ　　　)。
❷黒鉛は電気伝導性を(ノ　　　)。
❸ドライアイスやヨウ素のように(ハ　　　)性を示すものもある。
❹アルカリ金属やアルカリ土類金属は，水と反応して溶ける。

基本 問題

☐ **80.** 【知識】 **金属結合** 次の文中の(　　)に適切な語句や化学式を記入せよ。

　一般に，金属原子は(　ア　)が小さく，(　イ　)を放出して陽イオンになりやすい。金属では，金属原子の最外殻が重なり合い，放出された(イ)がすべての金属原子の間を動きまわって全体を結びつけている。このような結合を(　ウ　)といい，この(イ)を特に(　エ　)という。金属結晶は(　オ　)式で表される。例えば，(オ)式で Fe は(　カ　)の単体を表し，銅の単体を表す(オ)式は(　キ　)となる。

(ア)　　　　　　　　

(イ)　　　　　　　　

(ウ)　　　　　　　　

(エ)　　　　　　　　

(オ)　　　　　　　　

(カ)　　　　　　　　

(キ)

□ **81.** 知識 **金属結晶** 次の各問に答えよ。

(1) 金属は光を反射して，輝いて見える。このような性質を何というか。

(2) 金属はたたいて箔にすることができる。このような性質を何というか。

(3) 金属は引き延ばして細い線にすることができる。このような性質を何という か。

(1) _____

(2) _____

(3) _____

□ **82.** 思考 **金属の特徴** 次の文のうち，正しいものを1つ選べ。

(ア) 金属の結晶は，高温にするほど，電気をよく導くようになる。

(イ) 金属の結晶は電気を導きにくいが，水溶液は電気を導く。

(ウ) 金属には特有の光沢があり，すべて銀白色をしている。

(エ) 金属は，融点が高く，常温ですべて固体である。

(オ) 金属は展性・延性を示す。

_____

例題 ⑩ 結晶の比較 ➡ 問題83, 84

表に示した結晶 a～d は，下の(ア)～(エ)のどれに該当するか。

(ア) 鉄 Fe

(イ) ダイヤモンド C

(ウ) スクロース $C_{12}H_{22}O_{11}$

(エ) 塩化ナトリウム NaCl

結晶	融点〔℃〕	電気伝導性		結晶のかたさ
		結晶	液体	
a	182	よくない	よくない	やわらかくてもろい
b	801	よくない	よい	かたくてもろい
c	1535	よい	よい	かたい
d	3550	よくない	よくない	最もかたい

解説 Fe, Na は金属元素，それ以外は非金属元素である。
したがって，化学式から(ア)金属結晶，(イ)共有結合の結晶，(ウ)分子結晶，(エ)イオン結晶と判断できる。

a．最も融点が低く，やわらかくてもろいので，分子結晶の(ウ) スクロースである。

b．結晶は電気を導きにくいが，液体のときに電気を導くので，イオン結晶の(エ) 塩化ナトリウムである。

c．結晶が電気伝導性を示すので，金属結晶の(ア) 鉄である。

d．融点が最も高く，かたいので，共有結合の結晶の(イ) ダイヤモンドである。

解答 a (ウ)　b (エ)　c (ア)　d (イ)

Advice
分子結晶の中には，共有結合と分子間力という2種類の結びつきがあるが，加熱すると容易に切れるのは，結びつきが弱い分子間力である。

□ **83.** 思考 **結晶の種類** 次の(1)～(3)にあてはまる結晶の種類を答えよ。

(1) すべての原子が共有結合によって結びついている。

(2) 多数の分子が分子間力によって結びついている。

(3) 陽イオンと陰イオンが静電気力によって結びついている。

(1) _____

(2) _____

(3) _____

□ **84.** 知識 **結晶の分類** 次の(ア)～(カ)の各物質を(a)～(d)に分類せよ。

(物質) (ア) アルミニウム Al　　(イ) 銅 Cu

(ウ) 二酸化ケイ素 SiO_2　　(エ) ナフタレン $C_{10}H_8$

(オ) ドライアイス CO_2　　(カ) 塩化アルミニウム $AlCl_3$

(結晶) (a) イオン結晶　　(b) 分子結晶

(c) 金属結晶　　(d) 共有結合の結晶

(ア) _____

(イ) _____

(ウ) _____

(エ) _____

(オ) _____

(カ) _____

知識

□ **85. 金属結晶とイオン結晶の割れ方** 次の文中の( )に適切な語句を答え，下の問に答えよ。

　金属結晶では，外部から力が加わって，原子の位置が相互にずれても，結晶内の(ア)が金属原子を互いに結びつけている状態は変化しないので，結晶は割れずに変形する。

　一方，イオン結晶では，外部から力が加わってイオンの位置がずれると，陽イオンどうし，陰イオンどうしが接することになり，反発して割れる。これを(イ)という。

(ア) ＿＿＿＿＿＿＿＿

(イ) ＿＿＿＿＿＿＿＿

(問) ＿＿＿＿ ，＿＿＿＿

(問) 下線部に関連する金属結晶の性質を，下から2つ選び，記号で答えよ。
(a) 金属光沢　　(b) 展性　　(c) 昇華性　　(d) 延性　　(e) 熱伝導性

知識

□ **86. 結晶の性質** 表中の空欄に適切な語句を示せ。ただし，結晶の性質は下の[性質]から該当するものを選んで(a)〜(d)の記号で示し，結晶の例は下の[例]から該当するものを2つずつ選んで化学式で示せ。

結晶の分類	共有結合の結晶	イオン結晶	金属結晶	分子結晶
構成粒子間の結合	共有結合			分子間力
構成粒子			原子	
化学式		組成式	組成式	
結晶の性質				
結晶の例				

[性質] (a) 展性・延性をもち，電気をよく通す。
　　　　(b) 電気を通さず，かたく，融点が高い。
　　　　(c) 融点が低く，昇華するものもある。
　　　　(d) 固体は電気を導かないが，融解液は電気を導く。

[例] 酸化カルシウム　　銀
　　　二酸化ケイ素　　　ヨウ素
　　　ダイヤモンド　　　カルシウム
　　　ドライアイス　　　塩化銀

思考

□ **87. 身近な物質の分類** キッチンにある次の物質は，下の(ア)〜(ウ)のどれに分類されるか，記号で答えよ。
(1) 食卓塩　　　　(2) 砂糖　　(3) 中華鍋
(4) アルミホイル　　(5) 重曹
　[分類]
　(ア) イオンからなる物質
　(イ) 分子からなる物質
　(ウ) 金属の原子からなる物質

(1) ＿＿＿＿＿＿＿＿

(2) ＿＿＿＿＿＿＿＿

(3) ＿＿＿＿＿＿＿＿

(4) ＿＿＿＿＿＿＿＿

(5) ＿＿＿＿＿＿＿＿

☐ **1 物質の分類** 黄銅，ダイヤモンド，ドライアイスを，単体，化合物および混合物に分類した。この分類として最も適当なものを，右の①～⑥のうちから1つ選べ。

	単体	化合物	混合物
①	黄銅	ダイヤモンド	ドライアイス
②	黄銅	ドライアイス	ダイヤモンド
③	ダイヤモンド	黄銅	ドライアイス
④	ダイヤモンド	ドライアイス	黄銅
⑤	ドライアイス	黄銅	ダイヤモンド
⑥	ドライアイス	ダイヤモンド	黄銅

1 _____

☐ **2 原子の構造** 次の a ～ c の記述について，その正誤の組み合わせとして適当なものを，①～⑧のうちから1つ選べ。 2

a 原子の大きさは，原子核の大きさにほぼ等しい。

b 自然界に存在するすべての原子の原子核は，陽子と中性子からできている。

c 原子核のまわりの電子の数が原子番号と異なる粒子も存在し，そのような粒子を同位体とよぶ。

	①	②	③	④	⑤	⑥	⑦	⑧
a	正	正	正	正	誤	誤	誤	誤
b	正	正	誤	誤	正	正	誤	誤
c	正	誤	正	誤	正	誤	正	誤

2 _____

☐ **3 電子配置** 次の①～⑤の電子配置をもつ原子のうちから，下の a ～ c にあてはまるものを，それぞれ1つずつ選べ。

① ② ③ ④ ⑤

a 他の原子と結合せず，原子のまま常温・常圧で気体となる。 3

b ②と共有結合して，非共有電子対を4組もつ分子をつくる。 4

c L殻が最外殻となる安定なイオンをつくりやすいもののうち，そのイオンの大きさが最も小さい。 5

3 _____
4 _____
5 _____

☐ **4 水の性質** 水に関する記述として誤りを含むものを，次の①～④のうちから1つ選べ。 6

① 水分子中の共有電子対は酸素原子の方に引き寄せられており，分子の形が折れ線形なので，水分子は極性をもつ。

② 水分子と水素イオン H^+ からできるオキソニウムイオン中の3つの O−H 結合は，すべて同等で，どれが配位結合であるかは区別できない。

③ 水にヨウ素を入れると，よく溶けて赤紫色の水溶液になる。

④ 水(固体)よりも，水(液体)の方が密度が大きいため，氷を水に入れると浮かぶ。

6 _____

□ **5** 周期表　次の文を読み，各問(問1〜3)に答えよ。

　ロシアのメンデレーエフは，1869年，元素を原子量の小さい順に並べ，性質のよく似た元素が周期的に現れること，すなわち周期律を発見し，現在の周期表の原型をつくった。その後，周期表は改良され，現在では元素を原子番号の順に並べている。次に，元素の周期表の抜粋を示す。周期表にもとづいて考えると，元素のいろいろな性質を理解しやすい。

周期＼族	1	2	3	4	5	6	7	8	9	10	11	12	13	14	15	16	17	18
1	H																	He
2	Li	Be											B	C	N	O	F	Ne
3	Na	Mg											Al	Si	P	S	Cl	Ar
4	K	Ca	Sc	Ti	V	Cr	Mn	Fe	Co	Ni	Cu	Zn	Ga	Ge	As	Se	Br	Kr

問1　右図は，第2周期および第3周期にある，原子番号の連続した8つの元素ア〜クについて，原子の第1イオン化エネルギーが原子番号とともに変化するようすを示したものである。次の**a**，**b**にあてはまるものを，それぞれ①〜⑧のうちから1つずつ選べ。

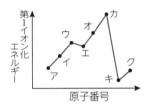

a　ア〜クのうち，最も陽イオンになりやすい。　　　　[7]　　[7]

　①ア　②イ　③ウ　④エ　⑤オ　⑥カ　⑦キ　⑧ク

b　元素カ　　　　[8]　　[8]

　①N　②O　③F　④Ne　⑤Na　⑥Mg　⑦Al　⑧Si

問2　原子番号34番の元素の電子配置において，最外殻および最外殻から1つ内側の電子殻に存在する電子の数はそれぞれいくつか。2桁の数値で表すとき[9]〜[12]にあてはまる数字を，下の①〜⓪のうちからそれぞれ1つずつ選べ。ただし，数値が1桁の場合には，[9]あるいは[11]に⓪を選べ。また同じものを繰り返し選んでもよい。

[9]	[10]
[11]	[12]

　　　最外殻に存在する電子の数　　[9]　[10]

　　　最外殻から1つ内側の電子殻に存在する電子の数　　[11]　[12]

　①1　②2　③3　④4　⑤5
　⑥6　⑦7　⑧8　⑨9　⓪0

問3　元素は金属元素と非金属元素に分類できる。次の**a**，**b**に答えよ。

a　周期表で，金属元素はどのあたりに位置するか。最も適当なものを次の①〜④のうちから1つ選べ。　　　　[13]　　[13]

　①右上　②右下　③左上　④左下

b　金属元素と非金属元素の組み合わせではイオン結合が，非金属元素どうしでは共有結合が形成される。

　二酸化ケイ素および水酸化ナトリウムの結晶中には，次のア〜エのうちどの結合(結合力)が含まれているか。すべてを選択しているものとして最も適当なものを，下の①〜⑤のうちからそれぞれ1つ選べ。

　　二酸化ケイ素　[14]　　　水酸化ナトリウム　[15]　　　[14]

　ア　イオン結合　　イ　共有結合　　ウ　ファンデルワールス力　　　[15]

　エ　水素結合

　①ア　②イ　③ア，イ　④イ，ウ　⑤イ，ウ，エ

11 結晶格子 》発展

📖 学習のまとめ

1 結晶格子と単位格子

結晶の構成粒子の配列を表したものを結晶格子といい，結晶格子の最小の単位を（ア　　　　　　）という。

2 金属結晶の単位格子

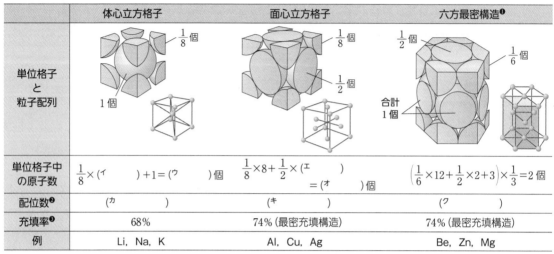

	体心立方格子	面心立方格子	六方最密構造❶
単位格子と粒子配列	$\frac{1}{8}$個　1個	$\frac{1}{8}$個　$\frac{1}{2}$個	$\frac{1}{2}$個　$\frac{1}{6}$個　合計1個
単位格子中の原子数	$\frac{1}{8}×($ イ $)+1=($ ウ $)$個	$\frac{1}{8}×8+\frac{1}{2}×($ エ $)=($ オ $)$個	$\left(\frac{1}{6}×12+\frac{1}{2}×2+3\right)×\frac{1}{3}=2$個
配位数❷	（カ　　　）	（キ　　　）	（ク　　　）
充填率❸	68%	74%（最密充填構造）	74%（最密充填構造）
例	Li, Na, K	Al, Cu, Ag	Be, Zn, Mg

❶六方最密構造の単位格子は六角柱の $\frac{1}{3}$（の部分）にあたる。

❷1個の原子に隣接する原子の数を**配位数**という。

❸単位格子の体積に占める金属原子の体積の割合を**充填率**という。

単位格子の一辺の長さと原子半径の関係

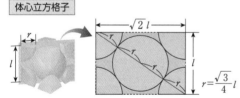

体心立方格子

$r=\frac{\sqrt{3}}{4}l$

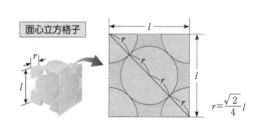

面心立方格子

$r=\frac{\sqrt{2}}{4}l$

3 イオン結晶の単位格子

	塩化ナトリウム NaCl	塩化セシウム CsCl	硫化亜鉛 ZnS
単位格子と粒子配列	Na^+ Cl^-　$\frac{1}{8}$個 $\frac{1}{4}$個 $\frac{1}{2}$個	Cs^+ 1個 Cl^-　$\frac{1}{8}$個	Zn^{2+} 1個 S^{2-}　$\frac{1}{8}$個 $\frac{1}{2}$個
単位格子中の原子数	$Na^+:\frac{1}{4}×12+1=4$個　$Cl^-:\frac{1}{8}×8+\frac{1}{2}×6=4$個	$Cs^+:1$個　$Cl^-:\frac{1}{8}×8=1$個	$Zn^{2+}:1×4=4$個　$S^{2-}:\frac{1}{8}×8+\frac{1}{2}×6=4$個
配位数	$Na^+:($ ケ $)$　$Cl^-:($ コ $)$	$Cs^+:($ サ $)$　$Cl^-:($ シ $)$	$Zn^{2+}:4$　$S^{2-}:4$
例	KI, MgO, AgCl	CsBr, NH₄Cl	CdS, AgI

例題 11 結晶格子

⇒ 問題88

図は，金属結晶における単位格子を示したものである。次の各問に答えよ。

(1) この単位格子の名称を答えよ。

(2) 図中の原子①，②は，それぞれ1つの単位格子に何分の1の原子が含まれるか。

(3) この単位格子に含まれる原子の数を求めよ。

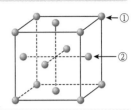

解説 (1) 金属の結晶には，体心立方格子，面心立方格子，六方最密構造などがある。図の配列は面の中心に原子が位置しており，面心立方格子である。

(2) 単位格子の頂点の原子は $\frac{1}{8}$ 個分，面の中心の原子は $\frac{1}{2}$ 個分が単位格子に含まれている。

(3) ①と同様のものが8ヶ所(立方体の頂点は8ヶ所)，②と同様のものが6ヶ所(立方体は正六面体)にあるので，次のように求められる。

$$\frac{1}{8} \times 8 + \frac{1}{2} \times 6 = 4個$$

解答 (1) 面心立方格子 (2) ① $\frac{1}{8}$ ② $\frac{1}{2}$ (3) 4個

Advice

隣接する単位格子との境界に存在する原子が，単位格子に何個分含まれるか数える際には上図のように考えればよい。

□ **88. 金属の結晶格子** 【知識】 図は，金属結晶における単位格子を示したものである。次の各問に答えよ。

(1) この単位格子の名称を答えよ。

(2) 図中の原子①は，1つの単位格子に何分の1が含まれるか。

(3) この単位格子に含まれる原子の数を求めよ。

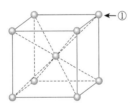

(1) _____

(2) _____

(3) _____

□ **89. 結晶の密度** 【知識】 図の面心立方格子について，次の各問に答えよ。

(1) この単位格子内に含まれる原子の数は何個か。

(2) この結晶格子における配位数を答えよ。

(3) この単位格子に含まれる金属原子の半径を r [cm]，単位格子の一辺を x [cm]として，x を r で表せ。ただし，$\sqrt{2}$ はそのまま用いてよい。

(4) 単位格子の体積は，x^3 [cm^3]で表される。原子1個あたりの質量を w [g]としたとき，面心立方格子をつくる金属の密度 d [g/cm^3]を w，r を用いて表せ。

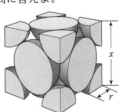

(1) _____

(2) _____

(3) _____

(4) _____

□ **90. イオン結晶と組成式** 【知識】 図の単位格子中の ● は原子Aからなるイオン，○ は原子Bからなるイオンである。次の各問に答えよ。

(1) 単位格子に含まれるAイオンの数は何個か。

(2) 単位格子に含まれるBイオンの数は何個か。

(3) このイオン結晶の組成式を求めよ。

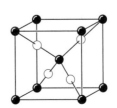

(1) _____

(2) _____

(3) _____

12 原子量・分子量・式量

📖 学習のまとめ

1 原子量・分子量・式量

①**原子の相対質量** 質量数12の炭素原子 $^{12}_{6}C$ の質量を(^{ア})とし，これを基準とした相対値で表す。

原子	原子1個の質量	原子の相対質量
^{12}C	$1.993 \times 10^{-23}\,g$	12
^{35}Cl	$5.807 \times 10^{-23}\,g$	34.97

②**元素の原子量** 多くの元素には相対質量の異なるいくつかの(^{イ})が存在するため，天然の原子の質量を比較するとき，(^{ウ})の相対質量と，その天然(^{エ})から求めた平均値である(^{オ})が用いられる。

（例）塩素の原子量

塩素には天然に ^{35}Cl（相対質量34.97）と ^{37}Cl（相対質量36.97）の2種類の同位体が存在し，それぞれの天然存在比は75.8%と24.2%である。塩素の原子量は次のように求められる。

^{35}Cl と ^{37}Cl に分ける →

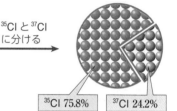

天然の塩素には，^{35}Cl と ^{37}Cl が存在している

| ^{35}Cl 75.8% | ^{37}Cl 24.2% |

塩素の原子量

$$= 34.97 \times \frac{(^{カ} \quad\quad)}{100} + 36.97 \times \frac{(^{キ} \quad\quad)}{100} = (^{ク} \quad\quad)$$

^{35}Cl の相対質量　^{35}Cl の天然存在比　^{37}Cl の相対質量　^{37}Cl の天然存在比

③**分子量・式量**

分子量…分子を構成する元素の(^{ケ})の総和。

（例）H_2O：$1.0 \times 2 + 16 = 18$　　　CH_4：$12 + 1.0 \times 4 = 16$

式量…組成式やイオンを表す化学式を構成する元素の(^{コ})の総和。電子の質量は考慮しない。

（例）$NaCl$：$23 + 35.5 = 58.5$　　　NH_4^+：$14 + 1.0 \times 4 = 18$

> 原子量・分子量・式量は相対質量の平均値なので，単位をつけない。

━━━━━━━━━━━━━━━ **基本** 問題 ━━━━━━━━━━━━━━━

□ **91.** 【知識】**相対質量の基準** 原子の質量は，ある原子の質量を基準とした相対質量で表される。基準となっている原子は(ア)～(カ)のうちどれか。

（ア）^1H　（イ）^2H　（ウ）^{12}C　（エ）^{13}C　（オ）^{16}O　（カ）^{17}O

例題 12 原子の相対質量　　　　　　　　　　　→ 問題 92, 93

炭素原子 ^{12}C 1個の質量は $2.0 \times 10^{-23}\,g$ であり，アルミニウム原子 Al 1個の質量は $4.5 \times 10^{-23}\,g$ である。アルミニウム原子の相対質量はいくらか。

⋯⋯⋯

解説 原子の相対質量は質量数12の炭素原子 ^{12}C を基準（12）とした相対値で表す。アルミニウム原子の相対質量は次のように求められる。

$$Al \text{ の相対質量} = 12 \times \frac{Al \text{ の質量}}{^{12}C \text{ の質量}} = 12 \times \frac{4.5 \times 10^{-23}\,g}{2.0 \times 10^{-23}\,g} = 27$$

> **Advice**
> 原子1個の質量の比
> ＝原子の相対質量の比

解答 27

☐ **92.** 思考 **原子の質量** ベリリウム原子 ^{9}Be の相対質量を9.0，炭素原子 ^{12}C 1 個 _____
の質量を $2.0×10^{-23}$ g とすると，ベリリウム原子 ^{9}Be 1 個の質量は何 g か。

☐ **93.** 思考 **相対質量** ある元素の原子 4 個と，質量数12の炭素原子 9 個の質量は等 _____
しい。この原子の相対質量はいくらか。

例題 ⑬ 元素の原子量 ➡ 問題 **94**

銅には ^{63}Cu と ^{65}Cu の 2 種類の同位体が存在し，それぞれの存在割合は69.0％と31.0％である。各同位体の
相対質量をそれぞれ63.0および65.0として，銅の原子量を求めよ。

解説 原子量は，各同位体の相対質量とその天然存在比から求めた平均値である。

銅の原子量＝^{63}Cu の相対質量×^{63}Cu の天然存在比

　　　　　　＋^{65}Cu の相対質量×^{65}Cu の天然存在比

$$=63.0×\frac{69.0}{100}+65.0×\frac{31.0}{100}=43.47+20.15=63.62=63.6$$

別解 65.0を63.0＋2.0に分解して考える。

$$63.0×\frac{69.0}{100}+(63.0+2.0)×\frac{31.0}{100}=63.0×\left(\frac{69.0}{100}+\frac{31.0}{100}\right)+2.0×\frac{31.0}{100}$$

$$=63.0+0.62=63.62 \qquad\qquad =\frac{100}{100}=1$$

解答 **63.6**

Advice
同位体の存在比から原子量
を求める問題では，計算が
煩雑になりやすい。天然存
在比の合計が100％である
ことを利用すれば計算を簡
略化できる。

☐ **94.** 思考 **同位体と原子量** 次の各問に答えよ。

(1) ホウ素の原子には 2 種類の同位体 ^{10}B と ^{11}B があり，相対質量はそれぞれ
10.0と11.0である。ホウ素の原子量を10.8とすると，^{10}B の存在する割合は
何％か。

(2) マグネシウムは，^{24}Mg が80％，^{25}Mg が10％，^{26}Mg が10％の割合で存在
している。相対質量を24.0，25.0，26.0としたとき，マグネシウムの原子量
を求めよ。

(1) _____

(2) _____

☐ **95.** 知識 **分子量** 次の文中の（　　）に適切な語句，または数値を入れよ。

分子の質量は，原子量と同様に，^{12}C の質量を12（基準）として比較される。
この値を分子量といい，分子式にもとづいて，構成元素の（　ア　）の総和とし
て求められる。

例えば，エチレン C_2H_4 の分子量は，次のように求められる。

　C_2H_4 の分子量＝C の原子量×（　イ　）＋H の原子量×（　ウ　）

　　　　　　　　＝（　エ　）×（イ）＋（　オ　）×（ウ）

　　　　　　　　＝（　カ　）

（ア）_____

（イ）_____

（ウ）_____

（エ）_____

（オ）_____

（カ）_____

□ **96.** 知識 **分子量** 次の物質の分子量を求めよ。

(1) 窒素 N_2 ＿＿＿＿＿＿＿ (7) アンモニア NH_3 ＿＿＿＿＿＿＿

(2) 塩化水素 HCl ＿＿＿＿＿＿＿ (8) エタノール C_2H_5OH ＿＿＿＿＿＿＿

(3) 水 H_2O ＿＿＿＿＿＿＿ (9) 二酸化硫黄 SO_2 ＿＿＿＿＿＿＿

(4) 二酸化炭素 CO_2 ＿＿＿＿＿＿＿ (10) 硫化水素 H_2S ＿＿＿＿＿＿＿

(5) 硫酸 H_2SO_4 ＿＿＿＿＿＿＿ (11) グルコース $C_6H_{12}O_6$ ＿＿＿＿＿＿＿

(6) ベンゼン C_6H_6 ＿＿＿＿＿＿＿ (12) 酢酸 CH_3COOH ＿＿＿＿＿＿＿

□ **97.** 知識 **式量** 次の文中の（　）に適切な語句，または数値を入れよ。

イオン結晶や金属結晶，共有結合の結晶など（ ア ）式で表される物質の相対質量は，（ ア ）式やイオンを表す化学式を構成する元素の原子量の総和として求められ，その値を式量という。イオンは電子の出入りを伴うが，電子の質量は陽子や中性子の質量に比べて，きわめて小さいため，イオンの式量を考える際に電子の質量は考慮しなくてよい。したがって，Ca^{2+} の式量は（ イ ），Cl^- の式量は（ ウ ）であり，Ca^{2+} と Cl^- からなる塩化カルシウム $CaCl_2$ の式量は（ エ ）である。

(ア) ＿＿＿＿＿＿＿

(イ) ＿＿＿＿＿＿＿

(ウ) ＿＿＿＿＿＿＿

(エ) ＿＿＿＿＿＿＿

□ **98.** 知識 **式量** 次のイオンの式量を求めよ。

(1) 水素イオン H^+ ＿＿＿＿＿＿＿ (4) 硫化物イオン S^{2-} ＿＿＿＿＿＿＿

(2) マグネシウムイオン Mg^{2+} ＿＿＿＿＿＿＿ (5) アンモニウムイオン NH_4^+ ＿＿＿＿＿＿＿

(3) フッ化物イオン F^- ＿＿＿＿＿＿＿ (6) 硫酸イオン SO_4^{2-} ＿＿＿＿＿＿＿

□ **99.** 知識 **式量** 次の物質の式量を求めよ。

(1) ダイヤモンド C ＿＿＿＿＿＿＿ (4) 二酸化ケイ素 SiO_2 ＿＿＿＿＿＿＿

(2) アルミニウム Al ＿＿＿＿＿＿＿ (5) 硫酸アンモニウム
$(NH_4)_2SO_4$ ＿＿＿＿＿＿＿

(3) 水酸化ナトリウム $NaOH$ ＿＿＿＿＿＿＿ (6) 硫酸銅(Ⅱ)五水和物
$CuSO_4 \cdot 5H_2O$ ＿＿＿＿＿＿＿

標準問題

□ **100.** 〔思考〕 **原子量と分子量・式量**　次の各記述について，誤りを含むものを，

(ア)～(エ)から1つ選び，記号で答えよ。

(ア)　相対質量は，質量数12の炭素原子 ^{12}C の質量を基準としている。

(イ)　塩素 Cl の原子量は35.5であり，同位体には ^{35}Cl と ^{37}Cl が存在することから，天然には ^{35}Cl の方が多く存在する。

(ウ)　硫酸カルシウム二水和物は $CaSO_4\cdot 2H_2O$ と表され，その式量には水分子の分子量も含まれる。

(エ)　イオンの生成には電子の出入りを伴うため，イオンの式量を考えるときは電子の質量も考慮する必要がある。

例題 14　元素の含有量　　　➡ 問題 101，102

次の物質やイオン中の(　)内の元素の質量百分率は何％か。整数値で答えよ。

(1)　二酸化炭素 $CO_2(C)$　　　(2)　塩化カルシウム $CaCl_2(Cl)$　　　(3)　水酸化物イオン $OH^-(O)$

解説　(　)内の原子の原子量が分子量，式量中に占める割合を求める。

(1)　$\dfrac{C \text{ の原子量}\times 1}{CO_2 \text{ の分子量}}\times 100 = \dfrac{12}{12+16\times 2}\times 100 = 27.2$

(2)　$\dfrac{Cl \text{ の原子量}\times 2}{CaCl_2 \text{ の式量}}\times 100 = \dfrac{35.5\times 2}{40+35.5\times 2}\times 100 = 63.9$

(3)　$\dfrac{O \text{ の原子量}\times 1}{OH^- \text{ の式量}}\times 100 = \dfrac{16}{16+1.0}\times 100 = 94.1$

Advice
イオンにおいて，電子の質量は原子の質量に対してきわめて小さいため無視できる。

解答　(1) **27%**　　(2) **64%**　　(3) **94%**

□ **101.** 〔知識〕 **元素の含有量**　次の物質中の(　)内の元素の質量百分率は何％か。整数値で答えよ。

(1)　二酸化硫黄 SO_2　(S)

(2)　水酸化カルシウム $Ca(OH)_2$　(Ca)

(3)　硫酸アンモニウム $(NH_4)_2SO_4$　(N)

(4)　アンモニウムイオン NH_4^+　(H)

(1)＿＿＿＿＿

(2)＿＿＿＿＿

(3)＿＿＿＿＿

(4)＿＿＿＿＿

□ **102.** 〔思考〕 **元素の含有量**　次の各問に答えよ。

(1)　ある元素Xの酸化物の化学式は X_2O_3 で，この酸化物中で元素Xが占める質量百分率は53％であった。元素Xの原子量を求めよ。

(2)　ある鉄 Fe の酸化物において，鉄原子が占める質量百分率は70％であった。この酸化物の組成式を求めよ。

(1)＿＿＿＿＿

(2)＿＿＿＿＿

13 物質量

📖 学習のまとめ

1 物質量

①物質量と粒子の数 原子・分子・イオンなどの粒子(^{ア}　　　　　　　)個の集団を1molとする。molを単位として示される量を**物質量**といい，1molあたりの粒子数を(^{イ}　　　　　　　)定数($6.02×10^{23}$/mol)という。

$$物質量〔mol〕=\frac{構成粒子の数}{アボガドロ定数〔/mol〕}$$

②物質量と質量 物質1molあたりの質量を(^{ウ}　　　　　　　)といい，原子量・分子量・式量に単位(^{エ}　　　　　　　)をつけて表す。

	化学式	化学式量	粒子1molの個数	モル質量
水素原子	H	原子量 1.0	H原子　$6.02×10^{23}$個	1.0 g/mol
水素分子	H_2	分子量 2.0	H_2分子　$6.02×10^{23}$個	(^{オ}　　　)g/mol
塩化物イオン	Cl^-	式量 35.5	Cl^-イオン　$6.02×10^{23}$個	35.5 g/mol
塩化ナトリウム	NaCl	式量 58.5	Na^+, Cl^-　各イオン$6.02×10^{23}$個	58.5 g/mol

$$物質量〔mol〕=\frac{質量〔g〕}{モル質量〔g/mol〕}$$

（例） 6.0gの水素H_2の物質量　　$物質量〔mol〕=\dfrac{質量〔g〕}{モル質量〔g/mol〕}=\dfrac{6.0g}{2.0g/mol}=3.0mol$

③物質量と気体の体積

アボガドロの法則…同温，同圧のもとで，同体積の気体は，気体の種類に関係なく，(^{カ}　　　　　　)の分子を含む。1molの体積を(^{キ}　　　　　　)といい，0℃，(^{ク}　　　　　　)Pa(標準状態)では，気体分子1molが占める体積は，種類によらず(^{ケ}　　　　　　)L/molである。

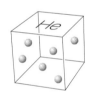
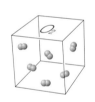

$$物質量〔mol〕=\frac{気体の体積〔L〕}{モル体積〔L/mol〕}$$

（例） 0℃，$1.013×10^5$Paにおける11.2Lの水素H_2の物質量

$$物質量〔mol〕=\frac{気体の体積〔L〕}{モル体積〔L/mol〕}=\frac{11.2L}{(^{コ}　　　　)L/mol}=(^{サ}　　　　)mol$$

④気体の分子量と密度 気体1Lあたりの質量〔g〕を気体の密度という。0℃，$1.013×10^5$Paにおける密度から気体の分子量を求めることができる。

$$気体の密度〔g/L〕=\frac{モル質量〔g/mol〕}{モル体積〔L/mol〕}$$

（例） 密度1.25g/L(0℃，$1.013×10^5$Pa)の気体の分子量

$$1.25g/L×(^{シ}　　　　)L/mol=(^{ス}　　　　)g/mol…分子量(^{セ}　　　　)$$

⑤混合気体の平均分子量 混合気体の平均分子量は，成分気体の分子量と混合割合から求めることができる。

（例） 空気の平均分子量(N_2(分子量28.0)：O_2(分子量32.0)＝4：1(物質量の比)の混合気体の平均分子量)

$$\underbrace{28.0g/mol}_{\substack{N_2の\\モル質量}}×\underbrace{\frac{4}{4+1}}_{\substack{N_2の\\混合割合}}+\underbrace{(^{ソ}　　　)g/mol}_{\substack{O_2の\\モル質量}}×\underbrace{\frac{1}{4+1}}_{\substack{O_2の\\混合割合}}=(^{タ}　　　)g/mol$$

平均分子量…(^{チ}　　　　　　)

H=1.0　C=12　O=16　Na=23　Mg=24　S=32　Cl=35.5　Ca=40　Fe=56

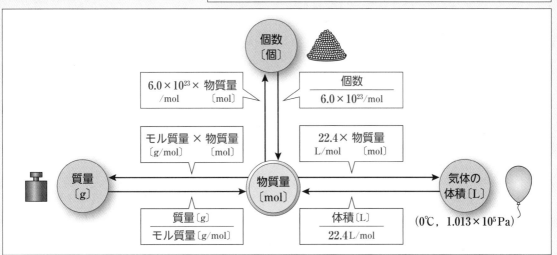

□ **103.** 知識 **物質量→個数** 次の粒子の個数を求めよ。

(1) 0.40 mol の C

_____

(2) 3.0 mol の N_2

_____

(3) 0.20 mol の HCl

_____

(4) 2.0 mol の S^{2-}

_____

(5) 0.25 mol の NH_4^+

_____

□ **104.** 知識 **個数→物質量** 次の物質量を求めよ。

(1) 1.5×10^{23} 個の He

_____

(2) 6.0×10^{25} 個の H_2

_____

(3) 2.4×10^{23} 個の NaOH

_____

(4) 7.8×10^{22} 個の Mg^{2+}

_____

(5) 9.0×10^{23} 個の C

_____

□ **105.** 知識 **物質量→質量** 次の質量を求めよ。

(1) 2.0 mol の Na

_____

(2) 0.15 mol の O_2

_____

(3) 0.50 mol の CO_2

_____

(4) 0.60 mol の MgO

_____

(5) 1.25 mol の SO_2

_____

□ **106.** 知識 **質量→物質量** 次の物質量を求めよ。

(1) 7.1 g の Cl_2

_____

(2) 48 g の O_2

_____

(3) 42 g の Fe

_____

(4) 12 g の C_2H_6

_____

(5) 20 g の $CaCO_3$

_____

ドリル ✎

□ **107.** [知識] **物質量→体積** 次の気体の体積を求めよ。ただし，気体の体積はすべて 0℃，$1.013×10^5$ Pa における値とする。

(1) 0.100 mol の H_2

_____

(2) 0.750 mol の He

_____

(3) 1.50 mol の CH_4

_____

(4) 0.250 mol の Cl_2

_____

(5) 0.120 mol の N_2

_____

□ **108.** [知識] **体積→物質量** 次の気体の物質量を求めよ。ただし，気体の体積はすべて 0℃，$1.013×10^5$ Pa における値とする。

(1) 1.12 L の H_2

_____

(2) 8.96 L の NH_3

_____

(3) 5.60 L の Ar

_____

(4) 336 L の C_2H_4

_____

(5) 224 mL の O_2

_____

□ **109.** [知識] **物質中の構成粒子の物質量** 次の各問に答えよ。

(1) 0.40 mol の O_3 に含まれる酸素原子 O は何 mol か。

(2) 0.25 mol の H_2O に含まれる水素原子 H，酸素原子 O はそれぞれ何 mol か。

(3) 0.50 mol の $Ca(OH)_2$ に含まれるカルシウムイオン Ca^{2+}，水酸化物イオン OH^- はそれぞれ何 mol か。

(4) 1.25 mol の $CuSO_4・5H_2O$ に含まれる SO_4^{2-}，H_2O はそれぞれ何 mol か。

(5) 1.50 mol の $(NH_4)_2SO_4$ に含まれるイオンは全部で何 mol か。

(1) _____

(2) H _____

O _____

(3) Ca^{2+} _____

OH^- _____

(4) SO_4^{2-} _____

H_2O _____

(5) _____

□ **110.** [知識] **個数⇔物質量⇔質量** 次の各問に答えよ。

(1) $1.5×10^{23}$ 個の H_2O は何 g か。

(2) $1.2×10^{24}$ 個の $CaCl_2$ は何 g か。

(3) 8.8 g の CO_2 に含まれる二酸化炭素分子は何個か。

(4) 40 g の CH_4 中に含まれるメタン分子は何個か。

(5) 5.85 g の NaCl 中に含まれるイオンは全部で何個か。

(6) 1.11 g の $CaCl_2$ 中に含まれる Ca^{2+}，Cl^- はそれぞれ何個か。

(1) _____

(2) _____

(3) _____

(4) _____

(5) _____

(6) Ca^{2+} _____

Cl^- _____

□ **111.** 知識 **質量⇔物質量⇔気体の体積**　次の各問に答えよ。ただし，気体の体積はすべて 0℃，$1.013×10^5$ Pa における値とする。

(1)　6.8g の NH_3 の体積は何 L か。

(2)　22g の C_3H_8 は何 L か。

(3)　4.0g の CH_4 は何 L か。

(4)　2.24L の O_2 は何 g か。

(5)　56.0L の He は何 g か。

(6)　33.6L の CO_2 は何 g か。

(1) _____

(2) _____

(3) _____

(4) _____

(5) _____

(6) _____

□ **112.** 知識 **個数⇔物質量⇔気体の体積**　次の各問に答えよ。ただし，気体の体積はすべて 0℃，$1.013×10^5$ Pa における値とする。

(1)　$1.5×10^{23}$ 個の O_2 は何 L か。

(2)　$4.8×10^{22}$ 個の N_2 は何 L か。

(3)　$9.6×10^{25}$ 個の H_2 は何 L か。

(4)　体積 56.0L の Ne に含まれるネオン原子は何個か。

(5)　体積 112L の Cl_2 に含まれる塩素分子は何個か。

(6)　体積 2.24L の He に含まれるヘリウム原子は何個か。

(1) _____

(2) _____

(3) _____

(4) _____

(5) _____

(6) _____

□ **113.** 思考 **気体の密度**　次の各問に答えよ。ただし，気体の密度はすべて 0℃，$1.013×10^5$ Pa における値とする。

(1)　二酸化炭素 CO_2 の密度は何 g/L か。

(2)　密度 1.43g/L の気体の分子量を求めよ。

(1) _____

(2) _____

例題 15 物質量

→ 問題 114〜116

アンモニア NH_3 について，次の各問に答えよ。ただし，アンモニアのモル質量は $17\,g/mol$ であり，気体の体積は $0\,℃$，$1.013×10^5\,Pa$ における値とする。

(1) $0.50\,mol$ のアンモニアには何個のアンモニア分子が含まれるか。また，水素原子は何個含まれるか。

(2) $3.4\,g$ のアンモニアは何 L の体積を占めるか。

(3) アンモニアの密度は何 g/L か。

解説 (1) アンモニア分子 NH_3 の数は，
$$6.0×10^{23}/mol×0.50\,mol=3.0×10^{23}$$
アンモニア 1 分子には 3 個の H 原子が含まれるので，H 原子の数は，
$$3.0×10^{23}×3=9.0×10^{23}$$

(2) 質量から物質量を求め，物質量から気体の体積を求める。
$$アンモニアの物質量[mol]=\frac{質量[g]}{モル重量[g/mol]}=\frac{3.4\,g}{17\,g/mol}=0.20\,mol$$
したがって，アンモニアの体積は，
$$22.4\,L/mol×0.20\,mol=4.48\,L=4.5\,L$$

(3) 1 mol のアンモニアの質量は 17 g，体積は 22.4 L なので，
$$密度[g/L]=\frac{質量[g]}{体積[L]}=\frac{17\,g}{22.4\,L}=0.758\,g/L=0.76\,g/L$$

Advice

気体の密度〔g/L〕を求める場合，気体 1 mol について考える。
$$密度[g/L]=\frac{モル質量[g/mol]}{22.4\,L/mol}$$

解答 (1) $NH_3：3.0×10^{23}$ 個　$H：9.0×10^{23}$ 個　(2) **4.5L**　(3) **0.76 g/L**

知識

□ **114.** **物質量と粒子の数・質量・気体の体積の関係** 次の各問に答えよ。ただし，気体の体積はすべて $0\,℃$，$1.013×10^5\,Pa$ における値とする。

(1) $1.5\,mol$ のネオンには何個のネオン原子 Ne が含まれるか。

(2) $3.0×10^{23}$ 個のマグネシウム原子 Mg は何 mol か。

(3) $2.5\,mol$ の窒素 N_2 は何 g か。

(4) $7.2\,g$ の水 H_2O は何 mol か。

(5) $0.40\,mol$ のアルゴン Ar は何 L か。

(6) $6.72\,L$ の酸素 O_2 は何 mol か。

(1) _____

(2) _____

(3) _____

(4) _____

(5) _____

(6) _____

知識

□ **115.** **粒子の数・質量・気体の体積の相互関係** 次の各問に答えよ。ただし，気体の体積はすべて $0\,℃$，$1.013×10^5\,Pa$ における値とする。

(1) $2.4×10^{23}$ 個の硫化水素 H_2S 分子は何 g か。

(2) $2.56\,g$ の二酸化硫黄 SO_2 に含まれる二酸化硫黄分子は何個か。

(3) $6.0\,g$ の一酸化窒素 NO は何 L か。

(4) $3.36\,L$ のヘリウム He は何 g か。

(5) $2.24\,L$ の塩化水素 HCl には何個の塩化水素分子を含むか。

(6) $9.5\,g$ の塩化マグネシウム $MgCl_2$ に含まれる陽イオンと陰イオンの個数の総和を求めよ。

(1) _____

(2) _____

(3) _____

(4) _____

(5) _____

(6) _____

□ **116.** 知識 **物質量**　次の表の空欄に適切な数値を入れよ。ただし，気体の体積はすべて 0 ℃，$1.013×10^5$ Pa における値とする。

分子	分子式	モル質量〔g/mol〕	物質量〔mol〕	質量〔g〕	分子の数〔個〕	体積〔L〕
メタン	CH_4	ア	2.0	イ	ウ	エ
窒素	N_2	オ	カ	7.0	キ	ク
硫化水素	H_2S	ケ	コ	サ	$3.0×10^{23}$	シ
オゾン	O_3	ス	セ	ソ	タ	5.6

□ **117.** 知識 **粒子の質量**　次の原子，分子，イオンのそれぞれ 1 個の質量を，有効数字 2 桁で求めよ。

(1)　マグネシウム原子 Mg

(2)　グルコース分子 $C_6H_{12}O_6$

(3)　硫酸イオン $SO_4{}^{2-}$

(1) ＿＿＿＿＿＿＿＿＿

(2) ＿＿＿＿＿＿＿＿＿

(3) ＿＿＿＿＿＿＿＿＿

□ **118.** 思考 **原子の数の比較**　次の各物質 10 g 中に含まれる原子の数が最も多いものはどれか。元素記号で答えよ。

（ア）　炭素 C　　（イ）　リン P　　（ウ）　カリウム K　　（エ）　ケイ素 Si

＿＿＿＿＿＿＿＿＿

□ **119.** 思考 **気体の密度**　温度，圧力が同じとき，次の気体を密度の小さいものから順に並べ，（ア）～（エ）の記号で答えよ。

（ア）　水素 H_2　　（イ）　塩素 Cl_2
（ウ）　オゾン O_3　　（エ）　二酸化硫黄 SO_2

＿＿＿ ＜ ＿＿ ＜ ＿＿ ＜ ＿＿

□ **120.** 思考 **気体の分子量**　次の各気体の分子量を求めよ。ただし，気体の体積はすべて 0 ℃，$1.013×10^5$ Pa における値とする。

(1)　分子 1 個の質量が $5.0×10^{-23}$ g である気体

(2)　2.8 L の質量が 5.5 g である気体

(3)　密度が 1.25 g/L である気体

(4)　同温・同圧・同体積で，水素の質量の 13 倍の質量をもつ気体

(1) ＿＿＿＿＿＿＿＿＿

(2) ＿＿＿＿＿＿＿＿＿

(3) ＿＿＿＿＿＿＿＿＿

(4) ＿＿＿＿＿＿＿＿＿

□ **121.** 【思考】 **原子量・分子量・物質量** 次に与えられた記号を用いて，(1)〜(4)の
事項を示す式を記せ。ただし，気体の体積はすべて 0 ℃，1.013×10⁵ Pa におけ
る値とする。

  M：モル質量[g/mol]

  N_A：アボガドロ定数[/mol]

  V：気体 1 mol の体積[L/mol]

(1) 分子 1 個の質量[g]

(2) 気体 w[g]中の分子の数

(3) 気体 v[L]の質量[g]

(4) 密度 d[g/L]の気体のモル質量

(1)

(2)

(3)

(4)

□ **122.** 【思考】 **1 円硬貨** 1 円硬貨はアルミニウムからできており，その 1 枚の質量
は 1.0 g である。この硬貨 1 枚には，アルミニウム原子 Al が何個含まれるか。

例題 ⑯ 原子量と化学式　　　　　　　　⇒ 問題 123

ある金属原子Mを 1.60 g 酸化したところ，化学式 MO で表される酸化物が 2.00 g 得られた。以下の問に有効
数字 2 桁で答えよ。

(1) 金属原子 1.60 g と反応した酸素原子は何 g か。また，それは何 mol か。

(2) この金属原子の原子量はいくらか。

- -

解説　(1) 酸化物 MO 中に含まれる酸素原子の質量は，2.00 g−1.60 g＝0.40 g
と求められる。酸素原子のモル質量は 16 g/mol なので，

$$酸素原子の物質量＝\frac{0.40\,g}{16\,g/mol}＝0.025\,mol$$

(2) 金属原子Mのモル質量を x[g/mol]とすると，金属原子Mの物質量は，次のように表される。

$$Mの物質量＝\frac{1.60\,g}{x\,[g/mol]}$$

酸化物の化学式 MO から，金属原子Mと酸素原子Oは原子の数が 1:1 の割合で結合していることがわかる。原子の数の
比は，物質量の比と等しいので，次式が成り立つ。

$$Mの物質量：Oの物質量＝\frac{1.60\,g}{x\,[g/mol]}：0.025\,mol＝1:1 \qquad x＝64\,g/mol$$

したがって，金属原子Mの原子量は64である。

解答　(1) **0.40 g, 0.025 mol**　　(2) **64**

> **Advice**
> 化学式から金属Mと酸素
> 原子の数の比がわかる。
> 原子数の比＝物質量の比

□ **123.** 【思考】 **原子量と化学式** 次の各問に答えよ。

(1) ある金属元素Mを 5.4 g 酸化したところ，化学式 M_2O_3 で表される酸化物
10.2 g が生じた。金属Mの原子量を求めよ。

(2) ある金属元素Mの酸化物 M_2O 3.0 g を還元すると，金属Mの単体が 1.4 g
得られた。金属Mの原子量を求めよ。

(1)

(2)

H=1.0 He=4.0 C=12 N=14 O=16 Al=27 S=32 Cl=35.5

空気は酸素 O_2 と窒素 N_2 が同温・同圧で体積比 1：4 で混合した混合気体である。

(1) 混合気体中の酸素と窒素の体積比と等しい関係にあるものをすべて選べ。

　(ア) 酸素と窒素の分子数の比　　(イ) 酸素と窒素の質量比　　(ウ) 酸素と窒素の物質量の比

(2) 空気の平均分子量を求めよ。

(3) 空気よりも軽い気体は次のうちどれか。

　(ア) 塩素 Cl_2　　(イ) 二酸化炭素 CO_2　　(ウ) アンモニア NH_3　　(エ) 硫化水素 H_2S

解説　(1)　(ア)　(等しい)　アボガドロの法則から，同温・同圧では同体積
　　中には同数の分子を含むので，体積比は分子の数の比に等しい。

　(イ)　(等しくない)　酸素分子と窒素分子の質量（分子量）は異なるため，体積
　　比と質量比は異なる。

　(ウ)　(等しい)　同温・同圧では，気体の体積は，その種類によらず，気体の物
　　質量に比例するので，体積比は物質量の比に等しい。

(2)　空気 1 mol 中には，酸素 O_2（32 g/mol）が $\frac{1}{5}$ mol，窒素 N_2（28 g/mol）が $\frac{4}{5}$

mol 含まれるので，混合気体のモル質量は次のように求められる。

$$32\,\text{g/mol} \times \frac{1}{5} + 28\,\text{g/mol} \times \frac{4}{5} = 28.8\,\text{g/mol}$$

したがって，空気の平均分子量は29である。

(3)　各気体の分子量は次のようになる。

　(ア)　塩素 Cl_2：71　　　　(イ)　二酸化炭素 CO_2：44
　(ウ)　アンモニア NH_3：17　　(エ)　硫化水素 H_2S：34

(ウ)のアンモニアの分子量は空気の平均分子量よりも小さく，空気よりも軽いことがわかる。

解答　(1)　(ア)，(ウ)　　(2)　**29**　　(3)　(ウ)

◀**補足**▶　一般に，水に溶けやすい気体を上方置換，下方置換のいずれの方法で捕集するかは，気体の分子量を空気の平均分子量と比較することによって判断できる。

> **Advice**
> (2) 平均分子量は成分気体の混合割合に基づく分子量の平均値である。
> (3) 空気との重さの比較は，空気の平均分子量よりも，分子量が大きいか小さいかを比較する。

思考

□ **124. 混合気体の平均分子量**　物質量の割合で，25%のメタン CH_4, 75%の酸素 O_2 を含む混合気体について，次の各問に答えよ。ただし，気体はすべて 0℃, $1.013 \times 10^5\,\text{Pa}$ とする。

(1) この混合気体の平均分子量を求めよ。

(2) この混合気体中のメタンと酸素の質量比を求めよ。

(3) この混合気体の密度[g/L]を求めよ。

(1) ＿＿＿＿＿＿＿
(2) ＿＿＿＿＿＿＿
(3) ＿＿＿＿＿＿＿

思考

□ **125. 水の循環**　地球上にある水分子 H_2O の数はほぼ一定で，雨水や海水となって拡散し，循環を繰り返している。次の各問に答えよ。ただし，地球上にある水の総質量を $1.35 \times 10^{24}\,\text{g}$ とする。

(1) コップ1杯の水 180 g に含まれる水分子は何個か。

(2) 地球上にある水分子は何個か。

(3) 大阪の川に 180 g の水を流し，長い年月が経過したのちに，東京の川で 180 g の水を取った。東京で取った水の中に，大阪で流した水分子は何個含まれるか。ただし，長い年月の経過によって地球上の水分子は均一に拡散したものとする。

水 180g

(1) ＿＿＿＿＿＿＿
(2) ＿＿＿＿＿＿＿
(3) ＿＿＿＿＿＿＿

14 溶液と濃度

📖 学習のまとめ

1 溶解と溶液

①溶液

物質が液体に混合し，全体が均一になる現象を（ア　　　　　）という。

溶液 ─┬─ イ ……溶解している物質（固体・液体・気体）
　　　　└─ ウ ……物質を溶かしている液体

> 溶液の溶媒が水の場合，特に水溶液という。

硫酸銅（Ⅱ）五水和物 $CuSO_4 \cdot 5H_2O$ のような結晶水をもつ物質の，水への溶解では，結晶水は溶媒の一部になる。

$\underset{\substack{\text{溶質として}\\\text{溶ける}}}{CuSO_4} \cdot \underset{\substack{\text{溶媒の一部}\\\text{になる}}}{5H_2O}$

2 濃度

質量パーセント濃度…溶液の質量に対する（エ　　　　　）の質量〔g〕を百分率で表した濃度。

$$質量パーセント濃度〔\%〕 = \frac{溶質の質量〔g〕}{（オ　　　　）の質量〔g〕} \times 100$$

$$= \frac{溶質の質量〔g〕}{溶媒の質量〔g〕 + （カ　　　）の質量〔g〕} \times 100$$

（例）　10 g の塩化ナトリウム NaCl を水 90 g に溶かした溶液の質量パーセント濃度

$$\frac{NaClの質量〔g〕}{水の質量〔g〕 + NaClの質量〔g〕} \times 100 = \frac{10\,g}{90\,g + 10\,g} \times 100 = 10 \qquad 10\%$$

10%
塩化ナトリウム水溶液
100 g

溶媒 90 g　溶質 10 g

溶液 100 g

モル濃度…溶液 1 L 中に含まれる溶質の量を（キ　　　　　）で表した濃度。

正確な濃度の溶液をつくるときは（ク　　　　　）を用いる。

$$モル濃度〔mol/L〕 = \frac{（ケ　　　　）の物質量〔mol〕}{（コ　　　　）の体積〔L〕}$$

$$溶質の物質量〔mol〕 = モル濃度〔mol/L〕 \times 溶液の体積〔L〕$$

標線

100mL

メスフラスコ

（例）　3.0 mol/L の塩化ナトリウム水溶液 100 mL（0.100 L）に含まれる塩化ナトリウムの物質量

　　　　モル濃度〔mol/L〕×溶液の体積〔L〕= 3.0 mol/L × 0.100 L = 0.30 mol

> 体積の単位に注意
> 1 L = 1000 mL

水溶液の調製　（例）　1.00 mol/L 塩化ナトリウム水溶液 100 mL の調製

　①塩化ナトリウムを 5.85 g（（サ　　　　　）mol）正確に測り取る。

　②ビーカー中で少量の水に溶かす。

　③②の水溶液を 100 mL のメスフラスコに入れ，ビーカーを数回蒸留水で洗い，洗液も入れる。

　④メスフラスコの（シ　　　　　）まで蒸留水を加えてよく振って均一にする。

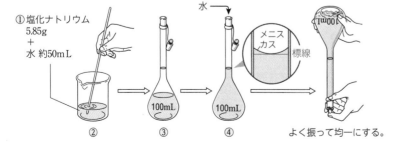

①塩化ナトリウム
5.85g
＋
水 約50mL

水→

メニスカス　標線

②　　　③　　　④　　　よく振って均一にする。

基本 問題

例題 ⑱ 質量パーセント濃度　　⇒ 問題 126

(1) 10.0 g の水酸化ナトリウム NaOH を水に溶かし，質量パーセント濃度 2.00％の水溶液をつくりたい。水は何 g 加えればよいか。

(2) 10.0 g の水酸化ナトリウム NaOH を水に溶かし，全体の体積を正確に 500 mL にすると，密度 1.02 g/cm³の水酸化ナトリウム水溶液ができた。この水溶液の質量パーセント濃度を求めよ。

解説　(1) 加える水の質量を x [g]とすると，

$$質量パーセント濃度[\%]=\frac{溶質の質量[g]}{溶液の質量[g]}\times100=\frac{10.0\,g}{10.0\,g+x\,[g]}\times100=2.00$$

$$x=490\,g$$

(2) 1 mL＝1 cm³ であり，密度 1.02 g/cm³の水溶液 500 mL（＝500 cm³）の質量は，密度×体積から，1.02 g/cm³×500 cm³＝510 g となる。したがって，

$$質量パーセント濃度[\%]=\frac{溶質の質量[g]}{溶液の質量[g]}\times100=\frac{10.0\,g}{510\,g}\times100=1.96$$

解答　(1)　**490 g**　(2)　**1.96％**

Advice
(1) 加える水の質量を x [g]とすると，溶液の質量は 10.0 g＋x[g]となる。
(2) 溶液の体積と密度から質量を求める。
質量[g]＝密度[g/cm³]×体積[cm³]

□ **126.** 質量パーセント濃度　次の各問に答えよ。
〔知識〕

(1) 水 100 g に塩化ナトリウム 25 g を溶かした水溶液の質量パーセント濃度は何％か。

(2) 質量パーセント濃度 5.0％のグルコース C₆H₁₂O₆ 水溶液 180 g をつくるには，グルコースは何 g 必要か。

(3) 塩化ナトリウム 10.0 g に水を加えて正確に 100 mL とすると，密度が 1.07 g/cm³になった。この水溶液の質量パーセント濃度を求めよ。

(4) 10％のグルコース水溶液 40 g と 30％のグルコース水溶液 60 g を混合した水溶液の質量パーセント濃度を求めよ。

(1) ＿＿＿＿＿

(2) ＿＿＿＿＿

(3) ＿＿＿＿＿

(4) ＿＿＿＿＿

例題 ⑲ モル濃度　　⇒ 問題 127, 128

36.0 g のグルコース C₆H₁₂O₆ を水に溶かし，メスフラスコを用いて，全体の体積を正確に 500 mL とした。この水溶液のモル濃度を求めよ。

解説　グルコース C₆H₁₂O₆ のモル質量は 180 g/mol なので，物質量は，

$$物質量[mol]=\frac{36.0\,g}{180\,g/mol}=0.200\,mol$$

500 mL＝0.500 L なので，モル濃度は次のように求められる。

$$モル濃度[mol/L]=\frac{溶質の物質量[mol]}{溶液の体積[L]}=\frac{0.200\,mol}{0.500\,L}=0.400\,mol/L$$

Advice
まず，溶質（グルコース）の物質量を求めてから，溶液のモル濃度を求める。

解答　**0.400 mol/L**

□ **127.** 知識 **モル濃度** 次の各問に答えよ。

(1) 8.0gの水酸化ナトリウム NaOH を水に溶かして，100mL とした水溶液のモル濃度は何 mol/L か。

(2) 17.1gのスクロース（分子量342）を水に溶かして，250mL とした水溶液のモル濃度は何 mol/L か。

(3) 0℃，$1.013×10^5$ Pa で，体積が 2.24L のアンモニア NH_3 を水に溶かして 200mL の水溶液をつくった。この水溶液のモル濃度は何 mol/L か。

(1) _____
(2) _____
(3) _____

□ **128.** 知識 **モル濃度** 次の各問に答えよ。

(1) 0.20mol/L の酢酸 CH_3COOH 水溶液 500mL 中に含まれる酢酸の質量は何 g か。

(2) 0.40mol/L の水酸化ナトリウム NaOH 水溶液 500mL 中に含まれる水酸化ナトリウムは何 g か。

(3) モル濃度が 0.50mol/L のグルコース $C_6H_{12}O_6$ 水溶液 200mL をつくりたい。必要なグルコースの質量は何 g か。

(1) _____
(2) _____
(3) _____

□ **129.** 知識 **結晶水をもつ物質の水溶液** 6.30gのシュウ酸二水和物 $(COOH)_2·2H_2O$ を水に溶かして 100mL のシュウ酸水溶液をつくった。次の各問に答えよ。

(ア)　　　(イ)　　　(ウ)

(1) シュウ酸水溶液をちょうど 100mL にするために用いる器具として適当なものはどれか。（ア）～（ウ）から1つ選び，その名称も答えよ。

(2) シュウ酸水溶液のモル濃度は何 mol/L か。

(1) _____

名称 _____

(2) _____

□ **130.** 思考 **溶液の調製** 次の水溶液を調製する方法として，適切なものを下の（ア）～（ウ）からそれぞれ選び，記号で答えよ。

(1) 10％塩化ナトリウム NaCl 水溶液

(ア) 10gの塩化ナトリウムを，水 100g に溶かす。

(イ) 20gの塩化ナトリウムを，水 180g に溶かす。

(ウ) 5.85gの塩化ナトリウムを，水に溶かして 50g にする。

(2) 0.10mol/L 水酸化ナトリウム NaOH 水溶液

(ア) 4.0gの水酸化ナトリウムを 996mL の水に加えて溶かす。

(イ) 4.0gの水酸化ナトリウムを 1.0L の水に加えて溶かす。

(ウ) 4.0gの水酸化ナトリウムを水に溶かして，1.0L にする。

(1) _____
(2) _____

H=1.0 C=12 N=14 O=16 Na=23 S=32

標準問題

例題 20 濃度の変換 ➡ 問題 131, 132

質量パーセント濃度20%，密度 1.1 g/cm³ の希硫酸について，次の各問に答えよ。

(1) この希硫酸 1.0 L 中に含まれる硫酸 H_2SO_4 は何 g か。

(2) この希硫酸のモル濃度は何 mol/L か。

解説 (1) 希硫酸 1.0 L（=1.0×10³ cm³）の質量は，密度[g/cm³]×体積[cm³]から，

$1.1 \text{g/cm}^3 \times 1.0 \times 10^3 \text{cm}^3 = 1.1 \times 10^3 \text{g}$

1.1×10^3 g 中に溶質の硫酸 H_2SO_4 が20%含まれるので，その質量は次のようになる。

$$1.1 \times 10^3 \text{g} \times \frac{20}{100} = 2.2 \times 10^2 \text{g}$$

(2) 硫酸 H_2SO_4 のモル質量は 98 g/mol なので，その 2.2×10^2 g の物質量は，

$$\frac{2.2 \times 10^2 \text{g}}{98 \text{g/mol}} = 2.24 \text{mol}$$

溶液 1.0 L 中に硫酸が 2.24 mol 含まれるので，そのモル濃度は 2.24 mol/L となる。

有効数字は2桁なので，この希硫酸のモル濃度は 2.2 mol/L である。

解答 (1) 2.2×10^2 g (2) 2.2 mol/L

Advice
質量パーセント濃度とモル濃度の変換では，水溶液 1.0 L について考えればよい。

□ **131.** **濃度の変換** [知識] 質量パーセント濃度28.0％のアンモニア水について次の各問に答えよ。ただし，このアンモニア水の密度を 0.910 g/cm³ とする。

(1) このアンモニア水 1.00 L の質量は何 g か。

(2) このアンモニア水 1.00 L に含まれるアンモニアの質量は何 g か。

(3) このアンモニア水のモル濃度は何 mol/L か。

(1)
(2)
(3)

□ **132.** **濃度の変換** [知識] 濃度の変換について，次の各問に答えよ。

(1) 質量パーセント濃度が10％の水酸化ナトリウム NaOH 水溶液の密度は 1.2 g/cm³ であった。この水溶液のモル濃度は何 mol/L か。

(2) 7.0 mol/L の硫酸 H_2SO_4 水溶液の密度は 1.4 g/cm³ であった。この硫酸水溶液の質量パーセント濃度は何％か。

(1)
(2)

□ **133.** **溶液の濃度** [思考] 質量 w g の溶質（モル質量 M g/mol）を，質量 s g の溶媒に溶かしたところ，密度 d g/cm³ の溶液となった。次の(1)～(4)を M, w, s, d の文字を用いて表せ。ただし，M, w, s, d の文字は，数値のみを表すものとする。

(1) 溶液の質量パーセント濃度[％]

(2) 溶質の物質量[mol]

(3) 溶液の体積[L]

(4) 溶液のモル濃度[mol/L]

(1)
(2)
(3)
(4)

15 化学反応式

📖 学習のまとめ

1 化学変化と化学反応式

①物理変化と化学変化

(^{ア}　　　　　)変化…状態変化や鉄が折れ曲がる変化など。構成粒子は変化しない。

(^{イ}　　　　　)変化…水素 H_2 と酸素 O_2 から水 H_2O が生じる変化など。構成粒子をつくる原子の組み合わせが変化する。

化学変化において，反応する物質を(^{ウ}　　　　　)，生成する物質を(^{エ}　　　　　)という。変化の前後で，原子の種類と(^{オ}　　　　　)は変わらない。

化学式を用いて化学変化を表した式を(^{カ}　　　　　　　)という。

②化学反応式の作り方　～CO と O_2 から CO_2 が生じる変化～

(1) 反応物の化学式を(^{キ}　　　)辺に，生成物の化学式を(^{ク}　　　　)辺に書き，矢印 $\longrightarrow$ で両辺を結ぶ。

> 化学反応式に気体の発生や沈殿の生成を明確にするために矢印を添えることがある。
> 気体の発生…↑
> 沈殿の生成…↓

CO　　　＋　　　O$_2$　　$\longrightarrow$　　CO$_2$

(2) 左辺と右辺の原子の種類と(^{ケ}　　　　)が等しくなるように，最も簡単な整数比で係数をつける。ただし，1は省略する。

2CO　　　＋　　　O$_2$　　$\longrightarrow$　　2CO$_2$

> 係数が1のときは省略する

(3) 溶媒，触媒などの化学変化の前後で変化しない物質は，化学反応式に示さない。

●化学反応式の係数の決め方(目算法)

目算法によって，左辺と右辺の各原子の数を見比べて，係数を順に決めていく。係数が分数になったときは，両辺を分母の数分倍して，係数すべてを整数にする。

(例)エタンの完全燃焼

$$(\ )C_2H_6 + (\ )O_2 \longrightarrow (\ )CO_2 + (\ )H_2O$$

Cの数に注目　　$(1)×2 \longrightarrow (^{コ}$　　　$)×1$

Hの数に注目　　$(1)×6 \longrightarrow (^{サ}$　　　$)×2$

Oの数に注目　　$(^{シ}$　　　$)×2 \longleftarrow (コ)×2 + (サ)×1$

> 原子の種類の多い物質の係数を1とおくと，原子の数を合わせやすい。

係数の比が最も簡単な整数比になるように全体を2倍する。

化学反応式：$(^{ス}$　　　$)C_2H_6 + (^{セ}$　　　$)O_2 \longrightarrow (^{ソ}$　　　$)CO_2 + (^{タ}$　　　$)H_2O$

③イオン反応式　反応に関係しないイオンを省略した化学反応式。

(例)塩化カルシウム $CaCl_2$ 水溶液に炭酸ナトリウム Na_2CO_3 水溶液を加えると，炭酸カルシウム $CaCO_3$ の沈殿が生じる

化学反応式：$CaCl_2 + Na_2CO_3 \longrightarrow CaCO_3 + 2NaCl$

電離しているイオンを化学式で表し，反応に関係しないイオンを消去する。

$$Ca^{2+} + 2Cl^- + 2Na^+ + CO_3^{2-} \longrightarrow CaCO_3 + 2Na^+ + 2Cl^-$$

イオン反応式：$Ca^{2+} + CO_3^{2-} \longrightarrow CaCO_3$

イオン反応式の両辺では，原子の種類と数だけでなく，電荷の総和も等しいため，イオン反応式の係数を決める場合，両辺の電荷のつり合いも考慮する。

(例)銅 Cu と銀イオン Ag^+ の反応

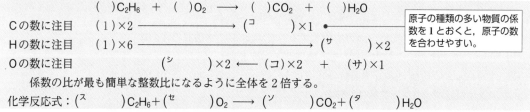

電荷の総和　　$\underbrace{Cu + 2Ag^+}_{(^{チ}\quad)} \longrightarrow \underbrace{Cu^{2+} + 2Ag}_{(^{ツ}\quad)}$

□ **134.** 物理変化と化学変化 [思考] 次の(ア)~(オ)の変化のうち，化学変化であ　　　　　　　　　　,
るものを2つ選び，記号で答えよ。

(ア)　ビーカーに入れた水 H_2O を加熱して沸騰させた。

(イ)　炭酸水素ナトリウム $NaHCO_3$ を加熱すると，炭酸ナトリウム Na_2CO_3
と水 H_2O と二酸化炭素 CO_2 が生じた。

(ウ)　鉄 Fe でできたバネを強く引っ張ると，伸びた。

(エ)　ドライアイス CO_2 がしだいに昇華し，気体になった。

(オ)　メタン CH_4 を燃焼させると，二酸化炭素 CO_2 と水 H_2O が生じた。

□ **135.** 化学反応式 [思考] 次の記述のうちから，誤りを含むものを2つ選べ。　　　　　　　　　　　,

(ア)　化学反応式では，反応物は右辺に書く。

(イ)　触媒は化学反応式の左辺や右辺には書かない。

(ウ)　水溶液を混ぜ合わせる反応では，溶媒の水は左辺や右辺には書かない。

(エ)　$Ag^+ + Cl^- \longrightarrow AgCl\downarrow$ の記号「↓」は沈殿の生成を示すが，この記号
は省略してよい。

(オ)　数式と同様に，符号を変えることで，左辺の物質を右辺に移項してよい。

(カ)　最も簡単な整数比となるように係数をつけるが，1となる場合は省略する。

例題 21 化学反応と化学反応式　　　　　　　　　　　⟹ 問題 136~141

メタン CH_4 を完全燃焼させたときの変化を化学反応式で示せ。

解説 メタン CH_4 を完全燃焼させると，CH_4 分子中の炭素 C は二酸化炭素
CO_2 に，水素 H は H_2O に変化する。左辺に CH_4 と O_2 を，右辺に CO_2 と H_2O を
書き，係数をつける。

$$(\quad)CH_4 + (\quad)O_2 \longrightarrow (\quad)CO_2 + (\quad)H_2O$$

Cの数に注目　(1)×1 ⟶ (1)×1
Hの数に注目　(1)×4 ⟶ (2)×2
Oの数に注目　(2)×2 ⟵ (1)×2 + (2)×1

結果	1	2	1	2

解答 $CH_4 + 2O_2 \longrightarrow CO_2 + 2H_2O$

Advice
炭素・水素・酸素のみから
なる化合物を完全燃焼させ
ると，水と二酸化炭素が生
成する。

酸素分子の係数を x とすると，
$2x = 1×2 + 2×1$　　$x = 2$

□ **136.** 化学反応式の係数 [知識] プロパン C_3H_8 と酸素 O_2 から，二酸化炭素と水
を生じる変化を示す化学反応式をつくりたい。(　)に適する係数を記せ。た
だし，(　)に係数1が入る場合，1と記入せよ。

①反応物の化学式を左辺，生成物の化学式を右辺に示し，矢印で結ぶ。

$$C_3H_8 + \quad O_2 \longrightarrow \quad CO_2 + \quad H_2O$$

②両辺の炭素原子Cの数を等しくする。

$$1C_3H_8 + \quad O_2 \longrightarrow (\;ア\;)CO_2 + \quad H_2O$$

③両辺の水素原子Hの数を等しくする。

$$1C_3H_8 + \quad O_2 \longrightarrow (\;ア\;)CO_2 + (\;イ\;)H_2O$$

④両辺の酸素原子Oの数を等しくする。

$$1C_3H_8 + (\;ウ\;)O_2 \longrightarrow (\;ア\;)CO_2 + (\;イ\;)H_2O$$

⑤係数「1」を省略して，化学反応式を完成する。

(ア)

(イ)

(ウ)

□ **137.** 知識 **化学反応式の係数**　次の化学反応式の係数を記せ。ただし，係数が1になる場合も1と記せ。

(1) (　　　)C+(　　　)O_2 ⟶ (　　　)CO

(2) (　　　)C_2H_4+(　　　)O_2 ⟶ (　　　)CO_2+(　　　)H_2O

(3) (　　　)C_2H_2+(　　　)O_2 ⟶ (　　　)CO_2+(　　　)H_2O

(4) (　　　)C_2H_6O+(　　　)O_2 ⟶ (　　　)CO_2+(　　　)H_2O

(5) (　　　)C_3H_8O+(　　　)O_2 ⟶ (　　　)CO_2+(　　　)H_2O

(6) (　　　)C_6H_6+(　　　)O_2 ⟶ (　　　)CO_2+(　　　)H_2O

(7) (　　　)$C_6H_{12}O_6$+(　　　)O_2 ⟶ (　　　)CO_2+(　　　)H_2O

□ **138.** 知識 **化学反応式の係数**　次の化学反応式の係数を記せ。ただし，係数が1になる場合も1と記せ。

(1) (　　　)N_2+(　　　)H_2 ⟶ (　　　)NH_3

(2) (　　　)Fe+(　　　)O_2 ⟶ (　　　)Fe_2O_3

(3) (　　　)$KClO_3$ ⟶ (　　　)KCl+(　　　)O_2

(4) (　　　)Ag_2O ⟶ (　　　)Ag+(　　　)O_2

(5) (　　　)CuO+(　　　)C ⟶ (　　　)Cu+(　　　)CO_2

(6) (　　　)Al+(　　　)HCl ⟶ (　　　)$AlCl_3$+(　　　)H_2

(7) (　　　)Na+(　　　)H_2O ⟶ (　　　)NaOH+(　　　)H_2

(8) (　　　)NH_4Cl+(　　　)$Ca(OH)_2$ ⟶ (　　　)$CaCl_2$+(　　　)H_2O+(　　　)NH_3

□ **139.** 知識 **化学反応式の係数**　次の化学反応式の係数を記せ。ただし，係数が1になる場合も1と記せ。

(1) (　　　)NaOH+(　　　)HCl ⟶ (　　　)NaCl+(　　　)H_2O

(2) (　　　)$Ca(OH)_2$+(　　　)HCl ⟶ (　　　)$CaCl_2$+(　　　)H_2O

(3) (　　　)KOH+(　　　)H_2SO_4 ⟶ (　　　)K_2SO_4+(　　　)H_2O

(4) (　　　)$AgNO_3$+(　　　)HCl ⟶ (　　　)AgCl+(　　　)HNO_3

(5) (　　　)$Pb(NO_3)_2$+(　　　)HCl ⟶ (　　　)$PbCl_2$+(　　　)HNO_3

(6) (　　　)$CuSO_4$+(　　　)H_2S ⟶ (　　　)CuS+(　　　)H_2SO_4

□ **140.** 知識 **イオン反応式の係数** 次のイオン反応式の係数を記せ。ただし，係数が1になる場合も1と記せ。

(1) （　　　）Pb^{2+} + （　　　）Cl^- ⟶ （　　　）$PbCl_2$

(2) （　　　）Ag^+ + （　　　）Cu ⟶ （　　　）Ag + （　　　）Cu^{2+}

(3) （　　　）Al + （　　　）H^+ ⟶ （　　　）Al^{3+} + （　　　）H_2

(4) （　　　）I^- + （　　　）Cl_2 ⟶ （　　　）I_2 + （　　　）Cl^-

(5) （　　　）Cu^{2+} + （　　　）Al ⟶ （　　　）Cu + （　　　）Al^{3+}

□ **141.** 知識 **化学反応式** 次の変化を化学反応式で表せ。

(1) 炭素 C が完全燃焼すると，二酸化炭素 CO_2 が生じる。

_____

(2) 一酸化窒素 NO が酸素 O_2 と反応すると，二酸化窒素 NO_2 に変化する。

_____

(3) 酸素 O_2 は無声放電という操作を行うことにより，オゾン O_3 に変化する。

_____

(4) 炭酸水素ナトリウムを加熱すると，炭酸ナトリウムと水と二酸化炭素が生成する。

_____

(5) 硫酸アンモニウムと水酸化ナトリウムを混ぜて加熱すると，硫酸ナトリウムと水とアンモニアが生成する。

_____

(6) 亜鉛 Zn に塩酸（塩化水素 HCl の水溶液）を加えると，塩化亜鉛 $ZnCl_2$ が生じ，水素 H_2 が発生する。

_____

(7) カルシウム Ca と水 H_2O を反応させると，水酸化カルシウム $Ca(OH)_2$ が生じ，水素 H_2 が発生する。

_____

(8) 炭酸カルシウム $CaCO_3$ に塩酸 HCl を加えると，塩化カルシウム $CaCl_2$ と水 H_2O と二酸化炭素 CO_2 が生じる。

_____

(9) 過酸化水素 H_2O_2 の水溶液に，触媒として酸化マンガン(Ⅳ)MnO_2 を加えると，過酸化水素が分解して水 H_2O と酸素 O_2 を生じる。

_____

(10) 塩化ナトリウム水溶液と硝酸銀水溶液を混ぜると，塩化銀の沈殿と硝酸ナトリウムが生成する。

_____

16 化学反応の量的関係

📖 学習のまとめ

1 化学反応式とその量的関係

化学反応式の係数は，各物質の構成粒子の数の比，(^{ア}　　　　　)の比，同温・同圧における気体の(^{イ}　　　　　)の比を表す。したがって，化学反応式の係数の比から，反応前後の量的関係を知ることができる。

(例)　一酸化炭素 CO (28 g/mol) が酸素 O_2 (32 g/mol) と反応して二酸化炭素 CO_2 (44 g/mol) を生じる

化学反応式	2CO	+	O₂	⟶	2CO₂	
係数の比	(^{ウ}　　)	:	1	:	2	
分子の数	2分子		1分子		2分子	分子の数の比は係数の比
物質量	2 mol		(^{エ}　　) mol		(^{オ}　　) mol	物質量の比は係数の比
気体の体積	22.4L×(^{カ}　　)		22.4L×(^{キ}　　)		22.4L×2	体積の比は係数の比
質量	28 g/mol×2 mol＝56 g 　合計(^{ク}　　)g	32 g/mol×1 mol＝32 g		(^{ケ}　　) g/mol ×2 mol＝(^{コ}　　) g		質量の比は係数比とはならない

2 化学の基礎法則

①化学変化における諸法則

法則名	発見者	年	内容
質量保存の法則	ラボアジエ (フランス)	1774	化学反応の前後で物質の(^{サ}　　　)の総和は変わらない。
定比例の法則	(^{シ}　　　　　) (フランス)	1799	化合物を構成する成分元素の質量比は常に一定である。
(^{ス}　　　)の法則	ドルトン (イギリス)	1803	2種の元素A，Bからなる化合物が2種以上あるとき，Aの一定質量と化合するBの質量は，化合物どうしで簡単な整数比になる。
気体反応の法則	ゲーリュサック (フランス)	1808	気体が関係する反応では，これらの気体の(^{セ}　　　)比は，同温・同圧のもとで簡単な整数比になる。
アボガドロの法則	アボガドロ (イタリア)	1811	すべての気体は，同温・同圧のもとで，同体積中に(^{ソ}　　　)の分子を含む。

②原子説

(^{タ}　　　　　　　)が質量保存の法則や定比例の法則を説明するために**原子説**を提唱した。原子説では「すべての物質は，原子というそれ以上に分割できない最小の粒子からなり，原子は元素ごとに固有の質量と性質をもつ。また，原子は新たに生成も消滅もせず，化学変化ではその組み合わせが変化するだけである」とされた。

③分子説

原子説にもとづき，単体の気体は原子からできていると考えると，気体反応の法則をうまく説明できなかった。そこで(^{チ}　　　　　　)は，単体の気体は2原子が結合した分子からできていると考える**分子説**を提唱し，アボガドロの法則を発表した。これにより，気体反応の法則をうまく説明することができた。

例題 22 化学反応式と物質の量的関係　　⇒ 問題 142〜148

メタン CH_4 を完全燃焼させたときの化学反応について，次の各問に答えよ。

$$CH_4 + 2O_2 \longrightarrow CO_2 + 2H_2O$$

(1)　メタン 0.50 mol を燃焼させるのに必要な酸素は何 mol か。

(2)　0 ℃，1.013×10^5 Pa において 5.6 L の二酸化炭素が生成したとき，水は何 mol 生じているか。

(3)　3.2 g のメタンを燃焼させると，何 g の水が生成するか。

解説　(1)　化学反応式の係数は，反応する物質の物質量の比を示す。係数の比から，O_2 は CH_4 の 2 倍必要である。したがって，O_2 は 1.0 mol 必要である。

(2)　生成した CO_2 は，$\dfrac{5.6\,L}{22.4\,L/mol} = 0.25$ mol である。係数の比から，生じる H_2O の物質量は CO_2 の 2 倍なので，生成した H_2O の物質量は，0.50 mol となる。

(3)　CH_4 のモル質量は 16 g/mol なので，燃焼させた CH_4 の物質量は，$\dfrac{3.2\,g}{16\,g/mol} = 0.20$ mol である。係数の比から，生成する H_2O の物質量は CH_4 の 2 倍なので，生成する H_2O の物質量は 0.20 mol×2＝0.40 mol である。H_2O のモル質量は 18 g/mol なので，その質量は，18 g/mol×0.40 mol＝7.2 g となる。

> **Advice**
> 与えられた量を物質量に変換してから，係数の比＝物質量の比を用いて考える。

解答　(1)　**1.0 mol**　　(2)　**0.50 mol**　　(3)　**7.2 g**

□ **142.** 知識 **化学反応の量的関係**　次の表の空欄をうめて，表を完成させよ。ただし，気体の体積はすべて 0 ℃，1.013×10^5 Pa における値とする。

(1)

化学反応式	N_2	＋	$3H_2$	⟶	$2NH_3$
係数比	1		3		2
物質量	1 mol		(^{ア}　　) mol		2 mol
分子の数	$(6.0 \times 10^{23} \times 1)$ 個		$(6.0 \times 10^{23} \times 3)$ 個		$(6.0 \times 10^{23} \times ($^{イ}　　$))$ 個
気体の体積	22.4L×1		22.4L×(^{ウ}　　)		22.4L×2
質量	(28×1) g		(2.0×3) g		$(($^{エ}　　$)×2)$ g

(2)

化学反応式	$2H_2$	＋	O_2	⟶	$2H_2O$
係数比	2		1		2
物質量	4 mol		2 mol		(^{ア}　　) mol
分子の数	$(6.0 \times 10^{23} \times ($^{イ}　　$))$ 個		$(6.0 \times 10^{23} \times 2)$ 個		$(6.0 \times 10^{23} \times 4)$ 個
質量	(2.0×4) g		$(32 \times ($^{ウ}　　$))$ g		(18×4) g

(3)

化学反応式	$2CO$	＋	O_2	⟶	$2CO_2$
係数比	2		1		2
物質量	1 mol		(^{ア}　　) mol		1 mol
分子の数	$(6.0 \times 10^{23} \times 1)$ 個		$(6.0 \times 10^{23} \times 0.5)$ 個		$(6.0 \times 10^{23} \times ($^{イ}　　$))$ 個
気体の体積	22.4L×(^{ウ}　　)		22.4L×0.5		22.4L×1
質量	(28×1) g		(32×0.5) g		$(44 \times ($^{エ}　　$))$ g

143. **化学反応式と量的関係**　次の表の空欄をうめて，表を完成させよ。ただし，エチレン C_2H_4 は気体であり，気体の体積はすべて $0℃$，$1.013×10^5 Pa$ における値とする。また，気体の体積は有効数字 3 桁で答えよ。

化学反応式	C_2H_4	+	$3O_2$	$\longrightarrow$	$2CO_2$	+	$2H_2O$
物質量〔mol〕	0.10						
体積〔L〕					4.48		――
質量〔g〕							3.6

144. **化学反応式と気体の体積**　4.0L の一酸化炭素 CO を酸素 O_2 と反応させ，すべて二酸化炭素 CO_2 に変化させた。次の各問に答えよ。ただし，気体の体積はすべて $0℃$，$1.013×10^5 Pa$ における値とする。

（　ア　）CO＋（　イ　）O_2 $\longrightarrow$ （　ウ　）CO_2

(1)　化学反応式の係数を記せ。ただし，係数が 1 になる場合は 1 と記せ。
(2)　この反応に要した酸素の体積は何 L か。
(3)　この反応で生じた二酸化炭素の体積は何 L か。

(1)（ア）

　　（イ）

　　（ウ）

(2)

(3)

145. **化学反応式と質量**　2.3g のナトリウム Na と水 H_2O を反応させると，水酸化ナトリウム NaOH を生じ，水素 H_2 が発生した。次の各問に答えよ。

（　ア　）Na＋（　イ　）H_2O $\longrightarrow$ （　ウ　）NaOH＋（　エ　）H_2

(1)　化学反応式の係数を記せ。ただし，係数が 1 になる場合は 1 と記せ。
(2)　この反応に必要な水の質量は何 g か。
(3)　この反応で生じた水素の質量は何 g か。

(1)（ア）

　　（イ）

　　（ウ）

　　（エ）

(2)

(3)

146. **化学反応式と量的関係**　プロパンの燃焼について，次の各問に答えよ。ただし，気体の体積は $0℃$，$1.013×10^5 Pa$ における値とする。

$C_3H_8＋5O_2$ $\longrightarrow$ $3CO_2＋4H_2O$

(1)　プロパン 2 分子が反応すると，水は何分子生成するか。
(2)　プロパン 0.50L を完全燃焼させるとき，必要な酸素は何 L か。
(3)　二酸化炭素が 1.5mol 生成したとき，反応したプロパンは何 L か。
(4)　水 3.6g が生成したとき，二酸化炭素は何 mol 生成しているか。

(1)

(2)

(3)

(4)

知識

□ **147. 化学反応式と量的関係**　エタン C_2H_6 を完全燃焼させると，二酸化炭素 CO_2 と水 H_2O を生じる。次の各問に答えよ。ただし，気体の体積はすべて 0℃，$1.013×10^5$ Pa における値とする。

(1)　この変化を化学反応式で表せ。

(2)　1.0 mol のエタンを完全燃焼させると，二酸化炭素は何 mol 生成するか。

(3)　11.2 L の二酸化炭素が発生したとき，水は何 g 生成しているか。

(4)　11.2 L を占めるエタンを完全燃焼させるのに，酸素は何 L 必要か。

(5)　(4)のエタンを完全燃焼させるのに，空気は何 L 必要か。ただし，空気は，体積比で窒素：酸素＝4：1 の混合気体であるとする。

(1) _____

(2) _____

(3) _____

(4) _____

(5) _____

思考

□ **148. 化学反応式と量的関係**　不純物を含む大理石(主成分は炭酸カルシウム $CaCO_3$)50.0 g に十分な量の希塩酸 HCl を反応させたところ，0℃，$1.013×10^5$ Pa で 8.96 L の二酸化炭素が発生した。炭酸カルシウムと希塩酸の反応は次のように表される。

$$CaCO_3 + 2HCl \longrightarrow CaCl_2 + H_2O + CO_2$$

(1)　発生した二酸化炭素の物質量は何 mol か。

(2)　大理石中に含まれる主成分の炭酸カルシウムは何 g か。

(3)　この大理石には，質量で何％の炭酸カルシウムが含まれていたか。ただし，大理石に含まれていた不純物は希塩酸と反応しないものとする。

(1) _____

(2) _____

(3) _____

知識

□ **149. 化学反応における基本法則**　次の記述の（　）に適する数値を入れ，最も関係の深い法則を下の①～⑤から選べ。

(1)　温度，圧力を一定に保ち，4 L の一酸化炭素 CO と 2 L の酸素 O_2 を反応させると，（　ア　）L の二酸化炭素 CO_2 が得られる。

(2)　2.8 g の一酸化炭素を 1.6 g の酸素と完全に反応させると，（　イ　）g の二酸化炭素が得られる。

(3)　一酸化炭素と二酸化炭素において，一定量の炭素と結合している酸素の質量の比は，$CO：CO_2＝1：$（　ウ　）である。

(4)　酸素，一酸化炭素，二酸化炭素は，0℃，$1.013×10^5$ Pa で 22.4 L の体積中に（　エ　）個の分子を含む。

①　定比例の法則　　　②　質量保存の法則　　　③　アボガドロの法則
④　気体反応の法則　　⑤　倍数比例の法則

（ア）_____

（イ）_____

（ウ）_____

（エ）_____

(1) _____

(2) _____

(3) _____

(4) _____

⟶ 問題 150

例題 23 過不足のある反応の量的関係

マグネシウム Mg を塩酸(塩化水素 HCl の水溶液)に加えると，次のように水素 H_2 を発生して溶ける。

$$Mg + 2HCl \longrightarrow MgCl_2 + H_2$$

いま，6.0 g のマグネシウムを 0.20 mol/L の塩酸 500 mL と反応させた。下の各問に答えよ。ただし，気体の体積は 0 ℃，1.013×10^5 Pa における値とする。

(1) 反応せずに残る物質はどちらか。また，その物質量を求めよ。

(2) このとき発生する水素の体積は何 L か。

解説 (1) Mg のモル質量は 24 g/mol なので，6.0 g の Mg の物質量は $\dfrac{6.0\,g}{24\,g/mol} = 0.25$ mol となる。また，0.20

mol/L の塩酸 500 mL 中の塩化水素 HCl の物質量は，次のように求められる。

$$モル濃度[mol/L] \times 体積[L] = 0.20\,mol/L \times \frac{500}{1000}\,L = 0.10\,mol$$

化学反応式の係数から，1 mol の Mg と反応する HCl は 2 mol なので，0.25 mol の Mg を反応させるには，0.50 mol の HCl が必要である。しかし，HCl は 0.10 mol しかないので，Mg が残ることがわかる。0.10 mol の HCl と反応する Mg は 0.050 mol なので，その物質量は次のように求められる。

$$0.25\,mol - 0.050\,mol = 0.20\,mol$$

(2) 化学反応式の係数から，1 mol の Mg が反応すると，1 mol の H_2 が発生するので，0.050 mol の Mg では，0.050 mol の H_2 が発生する。したがって，H_2 の体積は次のようになる。

$$22.4\,L/mol \times 0.050\,mol = 1.12\,L$$

解答 (1) マグネシウム，**0.20 mol** (2) **1.1 L**

Advice

過不足のある化学反応の問題では，次のような表をつくると理解しやすい。

化学反応式	Mg	+	2HCl	⟶	MgCl₂	+	H₂
反応前[mol]	0.25		0.10		0		0
変化量[mol]	−0.050		−0.10		+0.050		+0.050
反応後[mol]	0.20		0		0.050		0.050

変化量では，減少したものに−，増加したものに＋をつける。

□ **150. 過不足のある反応の量的関係** _{知識} アルミニウムを塩酸に入れると，水素を発生しながら溶ける。このときの変化は次のように表される。

$$2Al + 6HCl \longrightarrow 2AlCl_3 + 3H_2$$

いま，アルミニウム 5.40 g を 1.00 mol/L の塩酸 300 mL に入れて溶かした。この反応について，次の各問に答えよ。ただし，気体の体積は 0 ℃，1.013×10^5 Pa における値とする。

(1) 未反応のまま残るのは，アルミニウムと塩化水素のどちらか。また，その質量は何 g か。

(2) 発生する水素の体積は何 L か。

(1) _____

_____

(2) _____

例題 24 過不足のある反応とグラフ　⇒ 問題 151, 158

グラフは，ある量のマグネシウム Mg に，いろいろな体積[L]の酸素 O_2 を反応させ，生成する酸化マグネシウム MgO の質量[g]を調べたものである。次の各問に答えよ。ただし，酸素の体積は $0\,℃$，$1.013×10^5\,Pa$ における値である。

$$2Mg+O_2 \longrightarrow 2MgO$$

(1) 未反応の酸素が残っているのは，図中のA～Cのどこか。

(2) はじめにあったマグネシウムは何 g か。

(3) 図中の x の値は何 L か。

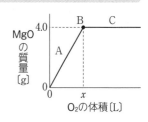

解説 (1) グラフのB点で，Mg と O_2 が過不足なく反応する。AではMg に対して O_2 が不足しており，Mg が未反応のまま残っている。CではMg に対して O_2 が過剰で，O_2 が未反応のまま残っている。

Advice
グラフの折れ曲がった点が，反応の終了した点である。

(2) Mg がすべて反応すると，グラフから MgO が 4.0g 得られることがわかる。4.0g の MgO は，そのモル質量が 40g/mol なので，$\dfrac{4.0g}{40\,g/mol}=0.10\,mol$ である。化学反応式の係数から，1mol の Mg から 1mol の MgO が得られるので，はじめにあった Mg も 0.10mol である。Mg のモル質量は 24g/mol なので，はじめにあった Mg の質量は，次のようになる。　$24g/mol×0.10mol=2.4g$

(3) 化学反応式の係数から，0.10mol の Mg と過不足なく反応する O_2 は Mg の 1/2 の 0.050mol となる。したがって，0.050mol の O_2 の体積は，次のようになる。

$$22.4L/mol×0.050mol=1.12L$$

解答 (1) **C** (2) **2.4g** (3) **1.1L**

[知識]

151. 気体の発生とグラフ

図は，一定量の塩酸に，いろいろな量の炭酸カルシウム $CaCO_3$ を加えたとき，加える炭酸カルシウムの質量[g]と，発生する二酸化炭素 CO_2 の $0\,℃$，$1.013×10^5\,Pa$ における体積[mL]との関係を示している。次の各問に答えよ。

(1) 炭酸カルシウムと塩酸の反応を化学反応式で示せ。

(2) 図中の x の値は何 mL か。

(3) はじめの塩酸の体積が 200mL であったとすると，塩酸のモル濃度は何 mol/L か。

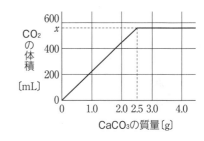

(1) _____

(2) _____　(3) _____

[思考]

152. 硫酸の製造

硫酸は，次の化学反応式 a～c にしたがって工業的につくられている。

a　$S+O_2 \longrightarrow SO_2$

b　$2SO_2+O_2 \longrightarrow 2SO_3$

c　$SO_3+H_2O \longrightarrow H_2SO_4$

質量パーセント濃度80％の硫酸 98kg をつくるのに必要最小限の硫黄は何 kg か求めよ。

_____

□ **153.** 思考 **化学反応式と量的関係** 酸素中で放電を行うと，その一部が次の反応によってオゾンに変化する。

$$3O_2 \longrightarrow 2O_3$$

0℃，1.013×10^5 Pa で 150.0 mL の酸素がある。放電によってその一部をオゾンに変えたところ，全体の体積が 144.0 mL になった。反応した酸素は何 mL か。

□ **154.** 思考 **都市ガスと二酸化炭素の排出量** 一般家庭で用いられている都市ガスの主成分はメタン CH_4 である。次の各問に答えよ。ただし，都市ガスはすべてメタンからなるものとし，気体の体積はすべて 0℃，1.013×10^5 Pa における値とする。
  (1) 都市ガス $1.0\,m^3$ を完全燃焼させたときに排出される二酸化炭素は何 kg か。ただし，$1\,m^3 = 1000\,L$ である。
  (2) 年間の都市ガスの使用量が $450\,m^3$ である家庭がある。この家庭から排出される二酸化炭素は，1 年間で何 kg か。

(1) _____

(2) _____

□ **155.** 思考 **化学反応式と量的関係** 塩化バリウム $BaCl_2$ と硝酸バリウム $Ba(NO_3)_2$ の混合溶液が 100 mL ある。次の各問に答えよ。
  (1) 混合溶液に過剰量の 0.10 mol/L 硫酸ナトリウム水溶液を加えると，沈殿が 14 g 生じた。このとき生じた沈殿は何か。また，その物質量は何 mol か。
  (2) 混合溶液に過剰量の 0.10 mol/L 硝酸銀水溶液を加えると，沈殿が 5.7 g 生じた。このとき生じた沈殿は何か。また，その物質量は何 mol か。
  (3) 最初の混合溶液中の塩化バリウム，硝酸バリウムのモル濃度をそれぞれ求めよ。

(1) _____

_____

(2) _____

_____

(3) $BaCl_2$ _____

$Ba(NO_3)_2$ _____

□ **156.** 思考 **化学反応式と量的関係** メタン CH_4 とエタン C_2H_6 の混合気体に過剰量の酸素を混合し完全燃焼させたところ，10.08 L の二酸化炭素と 12.6 g の水が生じた。このとき，最初の混合気体中にはメタン，エタンはそれぞれ何 mol あったか，また，この完全燃焼に消費された酸素は何 mol かそれぞれ有効数字 2 桁で求めよ。ただし，気体の体積はすべて 0℃，1.013×10^5 Pa における値とする。

メタン _____

エタン _____

酸素 _____

思考

☐ **157. 化学反応式と量的関係**　石灰石は炭酸カルシウムを主成分としており、塩酸と炭酸カルシウムは反応して二酸化炭素を生じる。濃度のわからない塩酸 100 mL に石灰石を少しずつ加えていったときの石灰石の質量と発生した気体の量の関係を表に示す。ただし、発生した気体は 0℃, 1.013×10^5 Pa であるものとし、石灰石の成分のうち、塩酸と反応するのは炭酸カルシウムのみとする。

石灰石の質量〔g〕	1.00	2.00	3.00	4.00	5.00	6.00	7.00	8.00
発生した気体の体積〔mL〕	180	360	540	720	900	1080	1120	1120

(1)　この化学変化の化学反応式を書け。

(2)　炭酸カルシウムと塩酸が過不足なく反応するのは、石灰石が何 g のときか。

(3)　この実験において、塩酸のモル濃度は何 mol/L か。

(1) _____

(2) _____　(3) _____

思考

☐ **158. 気体の発生とグラフ**　炭酸水素ナトリウム $NaHCO_3$ を塩酸に加えると、二酸化炭素を発生する。この反応に関する次の実験について、次の各問に答えよ。

【実験】7 個のビーカーに塩酸を 50 mL ずつはかりとり、それぞれのビーカーに 0.5 g から 3.5 g まで 0.5 g きざみの質量の炭酸水素ナトリウム

(1) _____

(2) _____

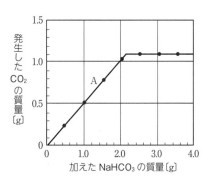

を加えた。発生した二酸化炭素と、加えた炭酸水素ナトリウムの質量の間に、図で示す関係が見られた。

(1)　図の直線 A（実線）の傾きに関する記述として正しいものを次の(ア)〜(エ)のうちから 1 つ選べ。

（ア）　直線 A の傾きは、$NaHCO_3$ の式量に対する CO_2 の分子量の比に等しい。

（イ）　直線 A の傾きは、未反応の $NaHCO_3$ の質量に比例する。

（ウ）　各ビーカーの中の塩酸の体積を 2 倍にすると、直線 A の傾きは $\frac{1}{2}$ 倍になる。

（エ）　各ビーカーの中の塩酸の濃度を 2 倍にすると、直線 A の傾きは 2 倍になる。

(2)　実験に用いた塩酸の濃度は何 mol/L か。

17 酸と塩基

📖 学習のまとめ

1 酸と塩基

① (^{ア}　　　　　　)の定義

酸	塩基
水溶液中で電離して，H^+ を生じる物質	水溶液中で電離して，OH^- を生じる物質*
(例)　$HCl \longrightarrow H^+ + Cl^-$	(例)　$NaOH \longrightarrow Na^+ + OH^-$

*塩基のうち，水によく溶けるものは(^{イ}　　　　　)ともいう。

水溶液中で，H^+ は H_2O と配位結合を形成して，オキソニウムイオン H_3O^+ になっている。

$HCl + H_2O \longrightarrow H_3O^+ + Cl^-$

② (^{ウ}　　　　　　　　　　)の定義

酸	塩基
反応する相手に H^+ を(^{エ}　　　　)物質	反応する相手から H^+ を(^{オ}　　　　　)物質
(例)　┌─H^+─┐ 　$HCl + H_2O \longrightarrow H_3O^+ + Cl^-$ 　酸　塩基	(例)　　┌H^+┐ 　$NH_3 + H_2O \rightleftharpoons NH_4 + OH^-$ 　塩基　酸

2 酸・塩基の価数

酸の価数　酸の化学式の中で，電離して(^{カ}　　　　)になることができるHの数。

塩基の価数　塩基の化学式の中で，電離して OH^- になることができる OH の数。または受け取ることができる
　　　　　　(^{キ}　　　　)の数。

価数	酸	塩基
(^{ク}　　)価	塩化水素 $H\underline{Cl}$ 硝酸 $H\underline{NO_3}$ 酢酸 $CH_3COO\underline{H}$	水酸化ナトリウム $Na\underline{OH}$ 水酸化カリウム $K\underline{OH}$ アンモニア NH_3*
(^{ケ}　　)価	硫酸 $\underline{H_2}SO_4$ 硫化水素 $\underline{H_2}S$ シュウ酸 $(COO\underline{H})_2$	水酸化カルシウム $Ca(\underline{OH})_2$ 水酸化バリウム $Ba(\underline{OH})_2$ 水酸化マグネシウム $Mg(\underline{OH})_2$ 水酸化銅(II) $Cu(\underline{OH})_2$
(^{コ}　　)価	リン酸 $\underline{H_3}PO_4$	水酸化アルミニウム $Al(\underline{OH})_3$

価数が 2 価以上の酸は，多段階に電離する。

(例)　硫酸 H_2SO_4（2 価）

$H_2SO_4 \longrightarrow H^+ + HSO_4^-$
$HSO_4^- \rightleftharpoons H^+ + SO_4^{2-}$
全体　$H_2SO_4 \rightleftharpoons 2H^+ + SO_4^{2-}$

*アンモニア NH_3 は，水溶液中で
電離してOH^- を 1 個生じるため，
(^{サ}　　　)価の塩基に分類される。

$NH_3 + H_2O \rightleftharpoons NH_4 + OH^-$

3 酸塩基の強弱と電離度

①電離度 α　電離の割合は電離度 α で表される（$0 < \alpha \leqq 1$）。

$$電離度\ \alpha = \frac{電離した酸(塩基)の物質量 [mol]}{溶かした酸(塩基)の物質量 [mol]}$$

$$= \frac{電離した酸(塩基)のモル濃度 [mol/L]}{溶かした酸(塩基)のモル濃度 [mol/L]}$$

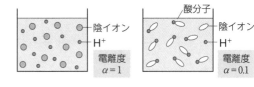

陰イオン
H^+
電離度
$\alpha = 1$

酸分子
陰イオン
H^+
電離度
$\alpha = 0.1$

②酸・塩基の強弱

強酸（強塩基）…水溶液中でほぼ完全に電離している酸（塩基）。電離度 α は(^{シ}　　　　)に近い。

弱酸（弱塩基）…水溶液中で一部しか電離しない酸（塩基）。電離度 α は小さい。

	酸		塩基
強酸	HCl, HBr, HI, HNO_3, H_2SO_4	強塩基	$NaOH$, KOH, $Ca(OH)_2$, $Ba(OH)_2$
弱酸	HF, CH_3COOH, H_2S, $(COOH)_2$	弱塩基	NH_3, $Mg(OH)_2$, $Cu(OH)_2$, $Al(OH)_3$

$H=1.0 \quad C=12 \quad O=16$

基本 問題

159. [知識] **ブレンステッド・ローリーの定義** 次の各反応において，下線部の水は，ブレンステッド・ローリーの定義における酸・塩基のどちらとしてはたらいているか。

(1) $NH_3 + \underline{H_2O} \rightleftarrows NH_4^+ + OH^-$

(2) $HSO_4^- + \underline{H_2O} \rightleftarrows SO_4^{2-} + H_3O^+$

(3) $HCO_3^- + \underline{H_2O} \rightleftarrows H_2CO_3 + OH^-$

(1) ＿＿＿＿
(2) ＿＿＿＿
(3) ＿＿＿＿

160. [知識] **電離の式** 次の酸・塩基の電離を反応式で示せ。ただし，(5)の硫酸の電離は，二段階に分けて示せ。

(1) 硝酸 HNO_3

(2) 酢酸 CH_3COOH

(3) 水酸化カルシウム $Ca(OH)_2$

(4) アンモニア NH_3

(5) 硫酸 H_2SO_4

(1) ＿＿＿＿
(2) ＿＿＿＿
(3) ＿＿＿＿
(4) ＿＿＿＿
(5) ＿＿＿＿
＿＿＿＿

161. [知識] **酸・塩基の分類** 次の物質について，価数および酸・塩基の強弱を例にならってそれぞれ示せ。

(例) 硝酸 HNO_3 ＿1＿ 価, ＿強酸＿

(ア) シュウ酸 $(COOH)_2$ ＿＿ 価, ＿＿

(イ) 水酸化カリウム KOH ＿＿ 価, ＿＿

(ウ) アンモニア NH_3 ＿＿ 価, ＿＿

(エ) リン酸 H_3PO_4 ＿＿ 価, ＿＿

(オ) 硫化水素 H_2S ＿＿ 価, ＿＿

162. [知識] **酸・塩基のモル濃度** 次の文中の（ ）に適当な数値を入れよ。

(1) 酢酸 CH_3COOH 1.5 g を水に溶かして 500 mL にすると，その濃度は（ ア ）mol/L となる。このとき，水素イオンが 5.0×10^{-4} mol 生じたとすると，酢酸の電離度は（ イ ）である。

(2) 0 ℃，1.013×10^5 Pa で（ ウ ）mL のアンモニアを水に溶かして，0.25 mol/L のアンモニア水を 100 mL つくった。このとき，アンモニアの電離度が 0.012 であったとすると，水酸化物イオンの濃度は（ エ ）mol/L になる。

(ア) ＿＿＿＿
(イ) ＿＿＿＿
(ウ) ＿＿＿＿
(エ) ＿＿＿＿

163. [思考] **酸・塩基の電離とその強さ** 図のように，ビーカーに(ア)～(オ)の 0.10 mol/L 水溶液をそれぞれ入れ，電極を浸して電源につなぎ，電球の明るさを比べることによって，水溶液中のイオンの量を調べた。電球の明るさが比較的暗いものを 2 つ選び，記号で答えよ。

(ア) HCl　　　(イ) H_2SO_4
(ウ) CH_3COOH　　(エ) $NaOH$
(オ) NH_3

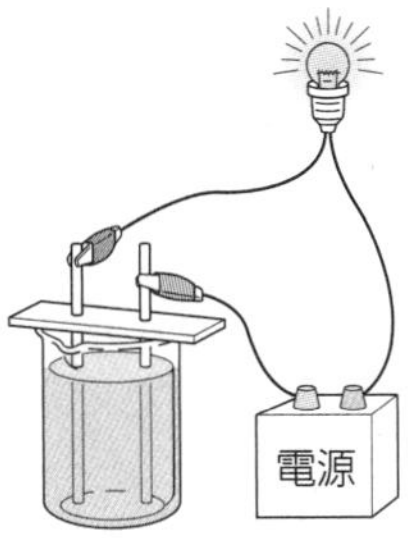

＿＿ ， ＿＿

電源

18 水素イオン濃度

📖 学習のまとめ

1 水の電離と水素イオン濃度

① 水素イオン濃度と水酸化物イオン濃度

c [mol/L] の 1 価の酸(電離度 α)の水溶液の水素イオン濃度 $[H^+]$ は (^{ア}　　　　) [mol/L]

c [mol/L] の 1 価の塩基(電離度 α)の水溶液の水酸化物イオン濃度 $[OH^-]$ は (^{イ}　　　　) [mol/L]

② 水の電離と水素イオン濃度

水自身が $H_2O \rightleftharpoons H^+ + OH^-$ のように電離しており,水溶液中には常に H^+ と OH^- が存在する。

純粋な水では,水素イオン濃度 $[H^+]$ と水酸化物イオン濃度 $[OH^-]$ は (^{ウ}　　　　)。

25℃において,$[H^+]=[OH^-]=($ ^{エ}　　　　$)$ mol/L

③ 水のイオン積 》発展《

水溶液中の $[H^+]$ と $[OH^-]$ の積は温度が一定であれば,一定の値になる。この値を**水のイオン積** K_W という。

25℃において,$K_W=[H^+][OH^-]=($ ^{オ}　　　　$)$ $(mol/L)^2$ である。

2 水素イオン指数 pH

酸性・塩基性の程度を表すために,水素イオン指数 pH が用いられる。

$[H^+]=1.0\times10^{-n}$ mol/L のとき　pH$=($ ^{カ}　　　　$)$

酸性が強くなる ←――――――――― 中性 ―――――――――→ 塩基性が強くなる

pH	0	1	2	3	4	5	6	7	8	9	10	11	12	13	14	
$[H^+]$	1	10^{-1}	10^{-2}	10^{-3}	10^{-4}	10^{-5}	10^{-6}	10^{-7}	10^{-8}	10^{-9}	10^{-10}	10^{-11}	10^{-12}	10^{-13}	10^{-14}	[mol/L]
$[OH^-]$	10^{-14}	10^{-13}	10^{-12}	10^{-11}	10^{-10}	10^{-9}	10^{-8}	10^{-7}	10^{-6}	10^{-5}	10^{-4}	10^{-3}	10^{-2}	10^{-1}	1	[mol/L]

┄┄┄┄┄┄┄┄┄┄┄┄┄┄┄┄ **基本** 問題 ┄┄┄┄┄┄┄┄┄┄┄┄┄┄┄┄

例題 25 水素イオン濃度の求め方　　　➡ 問題 164, 165, 166

次の水溶液などの水素イオン濃度 $[H^+]$ を求めよ。

(1) 純粋な水

(2) 0.010 mol/L の塩酸(塩化水素の電離度を1.0とする)

(3) 0.10 mol/L の酢酸水溶液(酢酸の電離度を0.010とする)

(4) 0.050 mol/L の硫酸水溶液(硫酸は $H_2SO_4 \longrightarrow 2H^+ + SO_4^{2-}$ のように完全に電離するものとする)

解説　1 価の酸が水溶液中で電離して生じる H^+ のモル濃度 $[H^+]$ は,次のように求められる。　　$[H^+]=$酸の水溶液の濃度 [mol/L]×電離度

(1) 純粋な水は中性であり,$[H^+]=1.0\times10^{-7}$ mol/L$=[OH^-]$ である。酸性では $[H^+]>1.0\times10^{-7}$ mol/L であり,塩基性では $[H^+]<1.0\times10^{-7}$ mol/L である。

(2) $[H^+]=0.010$ mol/L$\times1.0=0.010$ mol/L$=1.0\times10^{-2}$ mol/L

(3) $[H^+]=0.10$ mol/L$\times0.010=0.0010$ mol/L$=1.0\times10^{-3}$ mol/L

(4) 硫酸は 2 価の強酸であり,完全に電離すると,硫酸の物質量の 2 倍の H^+ が電離する。

したがって,　$[H^+]=0.050$ mol/L$\times1.0\times2=1.0\times10^{-1}$ mol/L

解答　(1) 1.0×10^{-7} **mol/L**　　(2) 1.0×10^{-2} **mol/L**

(3) 1.0×10^{-3} **mol/L**　　(4) 1.0×10^{-1} **mol/L**

Advice

1 価の酸の $[H^+]$ は $[H^+]=c\alpha$ で求められるが,2 価や 3 価の酸が完全に電離する場合は,電離後に H^+ が 2 倍または 3 倍生じることに注意する。

□ **164.** [知識] **水素イオン濃度**　次の各水溶液の水素イオン濃度を求めよ。ただし，
強酸は完全に電離するものとする。

(1)　0.30 mol/L 硝酸 HNO_3 水溶液

(2)　0.010 mol/L 酢酸 CH_3COOH 水溶液（酢酸の電離度を0.10とする）

(3)　5.0×10^{-4} mol/L 硫酸 H_2SO_4 水溶液

(4)　0.020 mol の塩化水素 HCl を水に溶かして 200 mL にした水溶液

(5)　0.20 mol/L 塩酸 10 mL を水で薄めて 100 mL にした水溶液

(1)

(2)

(3)

(4)

(5)

□ **165.** [知識] **水酸化物イオン濃度**　次の各水溶液の水酸化物イオン濃度を求めよ。
ただし，強塩基は完全に電離するものとする。

(1)　0.20 mol/L 水酸化カリウム KOH 水溶液

(2)　0.30 mol/L アンモニア NH_3 水（アンモニアの電離度を0.010とする）

(3)　0.050 mol/L 水酸化バリウム $Ba(OH)_2$ 水溶液

(4)　4.0 g の水酸化ナトリウム NaOH を，水に溶かして 200 mL にした水溶液

(5)　0 ℃，1.013×10^5 Pa で 2.24 L のアンモニアを水に溶かして 1.0 L にした
水溶液（アンモニアの電離度を0.010とする）

(1)

(2)

(3)

(4)

(5)

□ **166.** [知識] **電離度**　次の各問に答えよ。

(1)　0.25 mol のアンモニアを水 1.0 L に溶かしたところ，0.0050 mol の水酸
化物イオンが生じた。このときのアンモニアの電離度を求めよ。

(2)　0.010 mol/L の酢酸水溶液の水素イオン濃度が 2.0×10^{-4} mol/L であった。
このときの酢酸の電離度を求めよ。

(1)

(2)

例題 26 **水素イオン濃度と pH**　　　　　　　　⇒ 問題 167〜171

次の各問に答えよ。

(1)　水素イオン濃度が100倍になると，pH はどのように変化するか。

(2)　pH が 1 増加するごとに，$[H^+]$ は何倍になるか。また，$[OH^-]$ は何倍になるか。

(3)　pH 2 の塩酸を10倍に薄めると，pH はいくらになるか。

(4)　pH 5 の塩酸を1000倍に薄めると，pH はほぼいくらになるか。

(5)　pH 13 の水酸化ナトリウム水溶液を100倍に薄めると，pH はいくらになるか。

解説　(1)　水素イオン濃度が10倍になるごとに pH は 1 減少する。

(2)　pH が 1 増加すると，$[H^+]$ は $\dfrac{1}{10}$ になる。$[H^+]$ と $[OH^-]$ の積は常に一定なの

で，$[OH^-]$ は $[H^+]$ に反比例し，10倍になる。

(3)　強酸の水溶液では，10倍に薄めるごとに pH は 1 ずつ増加する。

(4)　酸性の水溶液を水でどれだけ薄めても塩基性になることはない。したがって，
pH が 5 の酸性の水溶液を1000倍に薄めると，pH は 8 にはならず，7（中性）に近
い値を示す。

(5)　強塩基の水溶液では，10倍に薄めるごとに pH は 1 ずつ減少する。

Advice

pH の数直線をイメージし
ながら，$[H^+]$ や $[OH^-]$ と
照らし合わせて考えるとよ
い。また，酸や塩基をいく
ら水で薄めても，それぞれ
pH 7 を超えることはなく，
いずれも 7 に近い値を示す
ことに注意する。

解答　(1)　**2 減少する。**　　(2)　$[H^+]$：$\dfrac{1}{10}$ 倍　$[OH^-]$：**10倍**　　(3)　**3**

(4)　**ほぼ 7**　　(5)　**11**

167. 水素イオン濃度と水酸化物イオン濃度

[知識]

表は，25℃における水溶液のpH，水素イオン濃度[H⁺]，および水酸化物イオン濃度[OH⁻]の関係を表している。次の各問に答えよ。

pH	5	6	7	8	9
$[H^+]$ [mol/L]	10^{-5}	$10^{(ア)}$	$10^{(イ)}$	10^{-8}	10^{-9}
$[OH^-]$ [mol/L]	10^{-9}	10^{-8}	10^{-7}	10^{-6}	$10^{(ウ)}$

(1) 表中の(ア)～(ウ)に適する数値を入れよ。

(2) 水溶液中において，水素イオン濃度と水酸化物イオン濃度の積は，常にいくらになっているか。その値を答えよ。

(1)(ア)＿＿＿＿＿

(イ)＿＿＿＿＿

(ウ)＿＿＿＿＿

(2)＿＿＿＿＿

168. pH

[知識]

次の各値を答えよ。ただし，強酸，強塩基は完全に電離するものとする。

(1) $[H^+] = 1.0 \times 10^{-5}$ mol/L の水溶液の pH

(2) pH 1 の水溶液の水素イオン濃度

(3) pH 3 の硝酸 HNO_3 水溶液の水素イオン濃度

(4) $[OH^-] = 1.0 \times 10^{-4}$ mol/L の水溶液の pH

(5) pH 9 の水酸化ナトリウム NaOH 水溶液の水素イオン濃度

(1)＿＿＿＿＿

(2)＿＿＿＿＿

(3)＿＿＿＿＿

(4)＿＿＿＿＿

(5)＿＿＿＿＿

169. pH

[思考]

次の記述のうち，誤りを含むものを2つ選べ。

(ア) pH 3 の塩酸のモル濃度は 1×10^{-3} mol/L である。

(イ) pH 2 の塩酸を10倍に薄めた水溶液は pH 3 になる。

(ウ) pH 1 の塩酸と pH 1 の硫酸水溶液では水素イオン濃度が等しい。

(エ) pH 5 の水溶液を1000倍に薄めた水溶液の pH は 8 になる。

(オ) 塩基の水溶液では pH が1増加すると，水素イオン濃度は10倍になる。

＿＿＿＿＿ , ＿＿＿＿＿

170. 水素イオン濃度と pH

[知識]

次の水溶液の水素イオン濃度[H⁺]と pH をそれぞれ求めよ。ただし，強酸は完全に電離するものとする。

(1) 0.10 mol/L 塩酸

(2) 0.050 mol/L 硫酸水溶液

(3) 0.10 mol/L 酢酸水溶液(酢酸の電離度を0.010とする)

(1)[H⁺]＿＿＿＿ pH＿＿＿＿

(2)[H⁺]＿＿＿＿ pH＿＿＿＿

(3)[H⁺]＿＿＿＿ pH＿＿＿＿

知識

☐ **171. 水素イオン濃度と pH** 次の各問に答えよ。ただし，強酸・強塩基は
完全に電離するものとせよ。

(1) 0.050 mol の塩化水素 HCl を水に溶かして 500 mL の塩酸をつくった。こ
の塩酸の pH を求めよ。

(2) pH 1 の塩酸 10 mL に水を加えて pH 3 にした。このとき，pH 3 の水溶液
の体積は，何 mL になっているか。

(1) _____

(2) _____

||||||||||||||||||||||||||||||||||| 標準 問題 |||||||||||||||||||||||||||||||||||

例題 27 塩基の水溶液の水素イオン濃度と pH 》発展 ⇒ 問題 172

0.10 mol/L のアンモニア水の水素イオン濃度，および pH を求めよ。ただし，この水溶液中のアンモニアの電
離度を0.010，水のイオン積 K_W を $[H^+][OH^-]=1.0\times10^{-14}(mol/L)^2$ とする。

解説 アンモニア NH$_3$ は，水に溶けて，次のように反応するので，1価の塩基
に分類される。

$$NH_3+H_2O \rightleftharpoons NH_4^+ + OH^-$$

1価の塩基の水溶液中に存在する水酸化物イオン OH$^-$ のモル濃度 $[OH^-]$ は，酸の
場合と同様に，$[OH^-]=$ 塩基の水溶液の濃度$[mol/L]\times$電離度で求められる。

したがって，0.10 mol/L のアンモニア水の$[OH^-]$は，次のように求められる。

$$[OH^-]=0.10\,mol/L\times0.010\times1=0.0010\,mol/L=1.0\times10^{-3}\,mol/L$$

温度一定のもとでは，$[H^+]$と$[OH^-]$の積(水のイオン積K_W)は一定であり，その値は，$1.0\times10^{-14}(mol/L)^2$である。こ
の関係を用いると，$[OH^-]$の値から$[H^+]$の値を算出することができる。

$[OH^-]$が $1.0\times10^{-3}\,mol/L$ なので，$[H^+]$および pH は次のように求められる。

$$[H^+]=\frac{1.0\times10^{-14}(mol/L)^2}{[OH^-]}=\frac{1.0\times10^{-14}(mol/L)^2}{1.0\times10^{-3}\,mol/L}=1.0\times10^{-11}\,mol/L$$

したがって，pH 11 である。

解答 $[H^+]$：**$1.0\times10^{-11}\,mol/L$** pH：**11**

Advice
$[H^+]$同様，$[OH^-]=c\alpha$ で
$[OH^-]$を求められる。
2価や3価の塩基が完全に
電離する場合は，電離後に
OH$^-$ が 2 倍または 3 倍生
じることに注意する。

思考 》発展

☐ **172. 塩基の水溶液の pH** 次の各問に答えよ。ただし，水のイオン積 K_W
を $[H^+][OH^-]=1.0\times10^{-14}(mol/L)^2$ とし，強塩基は水溶液中で完全に電離し
ているものとする。

(1) 5.0×10^{-3} mol/L の水酸化バリウム Ba(OH)$_2$ 水溶液の pH を求めよ。

(2) 0 ℃，1.013×10^5 Pa で 56 mL のアンモニアを水に溶かして 500 mL の水
溶液をつくった。この水溶液の pH はいくらか。ただし，この水溶液中にお
けるアンモニアの電離度を0.020とする。

(3) 0.050 mol/L のアンモニア水の pH を調べると11であった。このときの
アンモニアの電離度を求めよ。

(1) _____

(2) _____

(3) _____

思考

☐ **173. 身のまわりの物質と pH** 身近に存在する水溶液の pH を調べてみ
ると，塩酸を主成分とする胃液が 1，レモン果汁入りのレモン水が 3，雨水が
5であった。それぞれの水溶液の水素イオン濃度$[H^+]$について，雨水を1と
したときの比を答えよ。

胃液：レモン水：雨水

= ____ ： ____ ： 1

19 中和と塩

📖 学習のまとめ

1 中和

酸と塩基が互いにその性質を打ち消し合う変化を(^{ア}　　　　)という。一般に，水溶液中における酸と塩基の中和では，酸から生じるH^+と塩基から生じるOH^-が反応して(^{イ}　　　　)を生じる。

（例）　HCl　$+$　$NaOH$　$\longrightarrow$　$NaCl$　$+$　H_2O
　　　　酸　　$+$　　塩基　　$\longrightarrow$　　塩　　$+$　　水

> アンモニアと塩酸の反応のように，水を生じない中和もある。

2 塩

① 塩の分類

中和において，酸の陰イオンと塩基の陽イオンから生じる化合物を(^{ウ}　　　　)という。

(^{エ}　　　　)………酸のHも塩基のOHも残っていない塩。
(^{オ}　　　　)……化学式中にもとの酸のHが残っている塩。
(^{カ}　　　　)…化学式中にもとの塩基のOHが残っている塩。

> 正塩・酸性塩・塩基性塩の分類は，塩の組成にもとづくもので，水溶液の性質を示すものではない。

種類	組成式	もとの酸	もとの塩基
正塩	$NaCl$	HCl	(^{キ}　　　　)
	(^{ク}　　　　)	HCl	NH_3
酸性塩	$NaHSO_4$	(^{ケ}　　　　)	$NaOH$
	(^{コ}　　　　)	H_2CO_3	$NaOH$
塩基性塩	$MgCl(OH)$	(^{サ}　　　　)	$Mg(OH)_2$
	$CuNO_3(OH)$	HNO_3	(^{シ}　　　　)

② 塩の水溶液の性質

正塩の水溶液の性質は，塩をつくる酸と塩基の組み合わせから判断できる。

	水溶液の性質	正塩	塩をつくったもとの酸・塩基	
強酸　＋　強塩基	中性	Na_2SO_4	(^{ス}　　　　)	$NaOH$
強酸　＋　弱塩基	(^{セ}　　　　)	$(NH_4)_2SO_4$	H_2SO_4	(^{ソ}　　　　)
弱酸　＋　強塩基	(^{タ}　　　　)	Na_2CO_3	H_2CO_3	(^{チ}　　　　)

弱酸と弱塩基からできた正塩の水溶液は，塩によって異なるが，ほぼ中性を示す。

③ 酸性塩の水溶液の性質

$NaHSO_4$の水溶液は$NaHSO_4 \longrightarrow Na^+ + H^+ + SO_4^{2-}$と電離するため，(^{ツ}　　　)性を示す。
$NaHCO_3$の水溶液は電離で生じたHCO_3^-が，水と反応してOH^-を生じるため，(^{テ}　　　)性を示す。

> **発展**　一般に，水溶液中で，弱酸の塩や弱塩基の塩から生じたイオンが水と反応して，他の分子やイオンを生じる反応を塩の(^{ト}　　　　)という。　（例）　$HCO_3^- + H_2O \rightleftarrows H_2CO_3 + OH^-$

④ 塩の反応

弱酸の遊離　弱酸の塩に強酸を反応させると，(^{ナ}　　　)が生じる。

　　$2CH_3COONa$　　$+$　　H_2SO_4　　$\longrightarrow$　　Na_2SO_4　　$+$　　$2CH_3COOH$
　　　弱酸の塩　　$+$　　　強酸　　$\longrightarrow$　　強酸の塩　　$+$　　 弱酸

弱塩基の遊離　弱塩基の塩に強塩基を反応させると，弱塩基が生じる。

　　$2NH_4Cl$　　$+$　　$Ca(OH)_2$　　$\longrightarrow$　　$CaCl_2$　　$+$　　$2NH_3$　$+$　$2H_2O$
　　弱塩基の塩　　$+$　　　強塩基　　$\longrightarrow$　　強塩基の塩　　$+$　　 弱塩基

例題 28 中和の化学反応式 → 問題 174

次の酸と塩基の組み合わせで起こる中和の化学反応式を記せ。ただし、中和は完全に進むものとする。

(1) CH_3COOH と $NaOH$ (2) H_2SO_4 と KOH (3) HCl と NH_3

解説 酸、塩基の価数がつり合うように、酸と塩基に係数をつける。

(1) CH_3COOH と $NaOH$ では、酸、塩基のいずれも 1 価なので、CH_3COOH と $NaOH$ は 1:1 の物質量の比(係数比)で中和する。

(2) H_2SO_4 は 2 価の酸、KOH は 1 価の塩基なので、H_2SO_4 と KOH は 1:2 の物質量の比(係数比)で中和する。

(3) アンモニアと酸が中和する場合には水を生じない。

解答 (1) $CH_3COOH + NaOH \longrightarrow CH_3COONa + H_2O$

(2) $H_2SO_4 + 2KOH \longrightarrow K_2SO_4 + 2H_2O$ (3) $NH_3 + HCl \longrightarrow NH_4Cl$

Advice
酸・塩基いずれも電離式で表した後、酸の H^+ と塩基の OH^- に過不足がないように組み合わせる。

知識

174. **中和の化学反応式** 次の中和を化学反応式で示せ。ただし、中和は完全に進むものとする。

(1) 塩酸(HCl の水溶液)に水酸化カリウム KOH 水溶液を加える。

(2) 硫酸 H_2SO_4 水溶液に水酸化ナトリウム $NaOH$ 水溶液を加える。

(3) 硝酸 HNO_3 水溶液にアンモニア NH_3 を吸収させる。

(1) _____

(2) _____

(3) _____

知識

175. **塩の組成** 次の正塩の名称を記し、各塩を生じる酸と塩基の化学式を記せ。

塩	(1) $CaCl_2$	(2) Na_2CO_3	(3) $CuSO_4$	(4) NH_4Cl
名称				
酸				
塩基				

例題 29 塩の分類 → 問題 176

次の塩はそれぞれ、正塩・酸性塩・塩基性塩のいずれに分類されるか。

(1) $CaCl(OH)$ (2) KNO_3 (3) $NaHCO_3$ (4) NH_4Cl

解説 塩は、その組成によって、次のように分類される。

化学式中に酸の H も塩基の OH も残っていない塩→正塩

化学式中に酸の H が残っている塩→酸性塩

化学式中に塩基の OH が残っている塩→塩基性塩

(1) $CaCl(OH)$ は、化学式中に塩基の OH が残っている塩なので、塩基性塩である。

(2) KNO_3 は、化学式中に酸の H も塩基の OH も残っていない塩なので、正塩である。

(3) $NaHCO_3$ は、化学式中に酸の H が残っている塩なので、酸性塩である。

(4) NH_4Cl は、化学式中に酸の H も塩基の OH も残っていない塩なので、正塩である。

Advice
物質名を読み、「～水素～」であれば酸性塩、「～水酸化～」であれば塩基性塩、いずれにも該当しなければ正塩となる。

解答 (1) 塩基性塩   (2) 正塩   (3) 酸性塩   (4) 正塩

□ **176.** 知識 **塩の分類** 次の各塩は，(A)正塩，(B)酸性塩，(C)塩基性塩のいずれ
に分類されるか。記号で示せ。

(1) CH_3COOK (2) $MgCl(OH)$
(3) $NaHCO_3$ (4) NH_4NO_3

(1) _____

(2) _____

(3) _____

(4) _____

例題 ㉚ 塩の水溶液の性質 ⇒ 問題 177，178

次の塩のうち，水溶液が塩基性であるものを2つ選び，記号で答えよ。
（ア）塩化カルシウム （イ）酢酸ナトリウム （ウ）硫酸アンモニウム （エ）炭酸ナトリウム

解説 （ア）塩化カルシウム $CaCl_2$ は強塩基の $Ca(OH)_2$ と強酸の HCl か
らなる塩であり，その水溶液は中性を示す。
（イ）酢酸ナトリウム CH_3COONa は強塩基の $NaOH$ と弱酸の CH_3COOH か
らなる塩であり，その水溶液は塩基性を示す。
（ウ）硫酸アンモニウム $(NH_4)_2SO_4$ は弱塩基の NH_3 と強酸の H_2SO_4 からなる
塩であり，その水溶液は酸性を示す。
（エ）炭酸ナトリウム Na_2CO_3 は強塩基の $NaOH$ と弱酸の H_2CO_3 からなる塩
であり，その水溶液は塩基性を示す。

Advice
その塩を生み出す元になってい
た酸または塩基が「強・弱」の
いずれであるかから判断する。
強酸＋強塩基 ⟶ 中性
強酸＋弱塩基 ⟶ 酸性
弱酸＋強塩基 ⟶ 塩基性

解答 （イ），（エ）

□ **177.** 知識 **塩の水溶液の性質** 次の文中の（　）に適する語句を記せ。ただし，
（ア），（イ），（エ），（オ）には「強」または「弱」を入れよ。
　塩は，酸と塩基が完全に中和されると正塩を生じるが，正塩の水溶液は中性
とは限らない。例えば，塩化アンモニウム NH_4Cl は，（　ア　）酸と（　イ　）塩
基からなる塩で，水溶液は（　ウ　）性を示す。また，酢酸ナトリウム
CH_3COONa は，（　エ　）酸と（　オ　）塩基からなる塩で，水溶液は（　カ　）
性を示す。

（ア）_____

（イ）_____

（ウ）_____

（エ）_____

（オ）_____

（カ）_____

□ **178.** 思考 **塩の水溶液の性質** 次の塩の水溶液は，(A)酸性，(B)中性，(C)塩基
性のいずれを示すか。(A)～(C)の記号で答えよ。

(1) 塩化ナトリウム (2) 炭酸ナトリウム
(3) 硫酸アンモニウム (4) 炭酸水素ナトリウム
(5) 硫酸ナトリウム (6) 硫酸水素ナトリウム

(1) _____

(2) _____

(3) _____

(4) _____

(5) _____

(6) _____

□ **179.** 酸・塩基の遊離　次の各反応を化学反応式で示せ。

(1) 酢酸ナトリウム CH_3COONa に硫酸 H_2SO_4 水溶液を加える。

_____

(2) 炭酸カルシウム $CaCO_3$ に塩酸(HCl の水溶液)を加える。

_____

(3) 硫化鉄(II)FeS に硫酸水溶液を加える。

_____

(4) 塩化アンモニウム NH_4Cl に水酸化カルシウム $Ca(OH)_2$ 水溶液を加える。

_____

□ **180.** 胃腸薬　胃酸は，塩酸を主成分としている。胃酸過多は，消化の際に分
泌される胃酸が，空腹時にも分泌される病気である。胃酸を中和し，胃酸過多
を抑える薬(制酸剤)として用いられる化合物を，次の中から 1 つ選び，記号で
答えよ。

(ア) 硫酸ナトリウム　　　　(イ) 塩化アンモニウム
(ウ) 炭酸水素ナトリウム　　(エ) 塩化ナトリウム

_____

□ **181.** 入浴剤　次の文中の[　]には適する化学式，(　)には適する語句
を記入せよ。

　お風呂の入浴剤には，お湯に入れると発泡するものがある。この発泡のもと
となる物質は，炭酸水素ナトリウム[　ア　]とフマル酸である。炭酸水素ナト
リウムは，弱酸である[　イ　]と強塩基である[　ウ　]からなる塩である。フ
マル酸は炭酸よりも強い酸であり，お湯に溶かすと，これらの物質が反応して，
気体である[　エ　]が発生する。したがって，このような入浴剤には，(　オ　)
の遊離の原理が用いられていることがわかる。

(ア)　_____

(イ)　_____

(ウ)　_____

(エ)　_____

(オ)　_____

20 中和の量的関係

📖 学習のまとめ

1 中和の量的関係

酸から生じる(^{ア} 　　　　)の物質量と塩基から生じる(^{イ} 　　　　)の物質量が等しいとき，酸と塩基は過不足なく中和する。

> 酸から生じる H^+ の物質量 　＝　 塩基から生じる OH^- の物質量
> 酸の(^{ウ} 　　　)×酸の物質量 　　　塩基の(^{エ} 　　　)×塩基の物質量

（例）H_2SO_4 1 mol を過不足なく中和する場合

H_2SO_4 1 mol からは H^+ は 2 mol 生じるため，(^{オ} 　　　)mol の OH^- が必要になる。したがって，1 価の塩基である NaOH は(^{カ} 　　　)mol，2 価の塩基である $Ba(OH)_2$ は(^{キ} 　　　)mol が必要である。

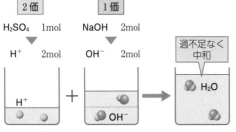

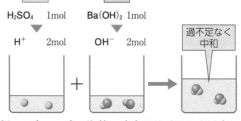

中和の関係式　a 価で c [mol/L]の酸 V [L]と，a' 価で c' [mol/L]の塩基 V' [L]が過不足なく反応したとき，次式が成り立つ。

$$\underset{価数}{a} \times \underset{濃度}{c} \times \underset{体積}{V} = \underset{価数}{a'} \times \underset{濃度}{c'} \times \underset{体積}{V'}$$

この公式は酸や塩基の強弱に関わらず(^{ク} 　　　　　)。したがって，中和における量的関係では，酸や塩基の電離度を考慮する必要は無い。

━━━━━━━━ **基本** 問題 ━━━━━━━━

例題 ㉛ 中和の量的関係 　　　　　⇒ 問題 182～186

中和の量的関係について，次の各問に答えよ。

(1) 0.010 mol/L の塩酸 10 mL を中和するのに必要な水酸化カルシウムの物質量を求めよ。

(2) あるモル濃度の水酸化ナトリウム水溶液 10 mL を中和するのに，0.10 mol/L の硫酸が 12 mL 必要であった。この水酸化ナトリウム水溶液のモル濃度を求めよ。

解説 (1) 塩化水素 HCl は 1 価の酸，水酸化カルシウム $Ca(OH)_2$ は 2 価の塩基である。したがって，必要な水酸化カルシウムの物質量を n [mol]とすると，次式が成り立つ。

$$1 \times 0.010 \text{mol/L} \times \frac{10}{1000} \text{L} = 2 \times n \qquad n = 5.0 \times 10^{-5} \text{mol}$$

(2) 水酸化ナトリウム NaOH は 1 価の塩基，硫酸 H_2SO_4 は 2 価の酸である。
したがって，水酸化ナトリウム水溶液のモル濃度を c [mol/L]とすると，次式が成り立つ。

$$1 \times c \text{[mol/L]} \times \frac{10}{1000} \text{L} = 2 \times 0.10 \text{mol/L} \times \frac{12}{1000} \text{L} \qquad c = 0.24 \text{mol/L}$$

Advice
中和の問題において，固体や気体の試料を含んだものを扱う場合，次の公式を利用すればよい。
酸の価数×物質量
＝塩基の価数×物質量

解答 (1) 5.0×10^{-5} mol 　(2) 0.24 mol/L

□ **182.** 知識 **中和の量的関係**　1.0 mol の NaOH を完全に中和するには，次の(1)
～(3)の酸はそれぞれ何 mol 必要か。
(1)　塩化水素 HCl
(2)　酢酸 CH$_3$COOH
(3)　硫酸 H$_2$SO$_4$

(1)　_____
(2)　_____
(3)　_____

□ **183.** 知識 **中和の量的関係**　次の各問に答えよ。
(1)　0.50 mol の硫酸 H$_2$SO$_4$ 水溶液を完全に中和するのに必要な水酸化カルシウム Ca(OH)$_2$ は何 g か。
(2)　0.100 mol の塩化水素 HCl を中和するのに必要なアンモニア NH$_3$ は 0℃，1.013×10^5 Pa で何 L か。
(3)　49 g の硫酸 H$_2$SO$_4$ を完全に中和するのに必要な 0.10 mol/L 水酸化ナトリウム NaOH 水溶液は何 L か。

(1)　_____
(2)　_____
(3)　_____

□ **184.** 知識 **中和の量的関係**　0.10 mol/L の水酸化ナトリウム水溶液 200 mL について，次の各問に答えよ。
(1)　この水溶液中の水酸化物イオンの物質量を求めよ。
(2)　この水溶液を中和するのに必要な 0.10 mol/L の塩酸は何 mL か。
(3)　この水溶液を中和するのに必要な 0.10 mol/L の酢酸水溶液は何 mL か。酢酸の電離度を0.010とする。

(1)　_____
(2)　_____
(3)　_____

□ **185.** 知識 **中和の量的関係**　次の各問に答えよ。
(1)　0.50 mol/L の水酸化バリウム Ba(OH)$_2$ 水溶液 10 mL を中和するのに必要な 0.20 mol/L の塩酸は何 mL か。
(2)　3.7 g の水酸化カルシウム Ca(OH)$_2$ を中和するのに，ある濃度の硝酸水溶液が 200 mL 必要であった。この硝酸の濃度は何 mol/L か。
(3)　0.20 mol/L の水酸化ナトリウム NaOH 水溶液 500 mL を中和して，すべて炭酸ナトリウム Na$_2$CO$_3$ にするのに必要な二酸化炭素 CO$_2$ は 0℃，1.013×10^5 Pa で何 L か。

(1)　_____
(2)　_____
(3)　_____

□ **186.** 思考 **中和の量的関係**　同じ濃度，同じ体積の(a) 塩酸, (b) 硫酸水溶液, (c) シュウ酸水溶液を用意した。次の(1), (2)について，(a)～(c)を大きい方から順に並べ，等号＝，不等号＞を用いて表せ。
(1)　完全に中和するのに要する水酸化ナトリウムの物質量
(2)　水酸化ナトリウムで完全に中和したときに生じる塩の物質量

(1)　_____
(2)　_____

例題 32 混合水溶液の pH　　　　　　　　　　　　➡ 問題 187, 188, 189

0.30 mol/L の硫酸 15mL に，0.20 mol/L の水酸化ナトリウム 25mL 加えた水溶液の pH を求めよ。

解説 硫酸は 2 価の強酸，水酸化ナトリウムは 1 価の強塩基である。0.30 mol/L の硫酸 15mL から生じる水素イオン H^+ の物質量は，次のように求められる。

$$2 \times 0.30 \, \text{mol/L} \times \frac{15}{1000} \, \text{L} = 9.0 \times 10^{-3} \, \text{mol} \quad \cdots ①$$

一方，0.20 mol/L の水酸化ナトリウム水溶液 25mL から生じる水酸化物イオン OH^- の物質量は，次のようになる。

$$1 \times 0.20 \, \text{mol/L} \times \frac{25}{1000} \, \text{L} = 5.0 \times 10^{-3} \, \text{mol} \quad \cdots ②$$

①，②から，硫酸から生じる H^+ が残ることがわかる。混合水溶液の体積は 15mL＋25mL＝40mL（＝0.040L）なので，その $[H^+]$ は次のように求められる。

$$[H^+] = \frac{9.0 \times 10^{-3} \, \text{mol} - 5.0 \times 10^{-3} \, \text{mol}}{0.040 \, \text{L}}$$

$$= 1.0 \times 10^{-1} \, \text{mol/L}$$

したがって，pH は 1 となる。

解答 1

> **Advice**
> まず始めに溶液中に H^+ と OH^- のどちらが多く残っているのかを計算する。
> 混合溶液中であるため体積が増えていることに注意する。

□ **187.** 知識 **混合水溶液の pH** 0.40 mol/L の塩酸 50mL と 0.20 mol/L の水酸化ナトリウム水溶液 50mL を混合した水溶液がある。次の各問に答えよ。

(1) 0.40 mol/L の塩酸 50mL から生じる水素イオンの物質量を求めよ。

(2) 0.20 mol/L の水酸化ナトリウム水溶液 50mL から生じる水酸化物イオンの物質量を求めよ。

(3) 混合したのちの体積は変化しないものとして，混合水溶液の pH を求めよ。

(1) ＿＿＿＿＿＿＿＿＿＿＿

(2) ＿＿＿＿＿＿＿＿＿＿＿

(3) ＿＿＿＿＿＿＿＿＿＿＿

□ **188.** 知識 **混合水溶液の pH** 混合後の水溶液の体積変化はないものとして，次の混合水溶液の pH を求めよ。

(1) 0.10 mol/L の塩酸 80mL と 0.35 mol/L 水酸化ナトリウム水溶液 20mL の混合水溶液

(2) 0.20 mol/L 硫酸水溶液 50mL と 0.20 mol/L アンモニア水 50mL の混合水溶液

(1) ＿＿＿＿＿＿＿＿＿＿＿

(2) ＿＿＿＿＿＿＿＿＿＿＿

□ **189.** 思考 **中和反応と pH** pH 1.0 の塩酸 100mL に 0.010 mol/L の水酸化ナトリウム水溶液 900mL を加えたとき，得られる水溶液の pH を求めよ。

＿＿＿＿＿＿＿＿＿＿＿

📖 学習のまとめ

1 中和滴定

①**中和滴定の操作** 濃度不明の酸(または塩基)の水溶液の濃度を，濃度既知の塩基(または酸)の水溶液を用いて決定する操作を(^{ア}　　　　　　)という。また，このとき用いる濃度が正確にわかった酸・塩基の水溶液を(^{イ}　　　　　　)という。

(例) 0.10 mol/L のシュウ酸水溶液を用いて濃度不明の水酸化ナトリウム水溶液を滴定

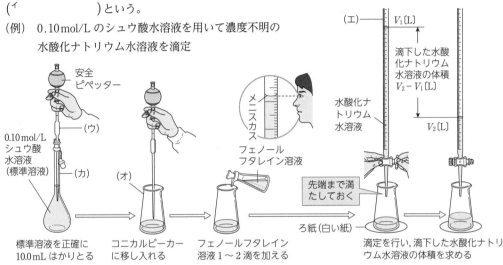

水酸化ナトリウム水溶液の濃度を c[mol/L]とすると，次式が成り立つ。

$$\underset{\text{酸の価数}}{2} \times \underset{\text{濃度}}{0.10\,\text{mol/L}} \times \underset{\text{体積}}{0.0100\,\text{L}} = \underset{\text{塩基の価数}}{1} \times \underset{\text{濃度}}{c\,\text{[mol/L]}} \times \underset{\text{体積}}{(V_2 - V_1)\,\text{[L]}}$$

②**中和滴定に用いる器具**

器具名	使用方法	洗浄方法
(^{ウ}　　　　)	一定体積の水溶液をとる	使用する水溶液で洗ったのち用いる。この操作を(^{キ}　　　　　)という。
(^{エ}　　　　)	滴定に要する水溶液の体積を測定する	
(^{オ}　　　　)	指示薬を加え，この中で中和させる	純水でぬれたまま用いてもよい
(^{カ}　　　　)	一定濃度，体積の水溶液を調製する	

2 中和滴定曲線

中和滴定において，加えた酸や塩基の水溶液の体積と，混合水溶液の pH との関係を表す曲線を**中和滴定曲線**という。中和滴定では，中和点前後の pH が急激に変化する範囲に変色域をもつ指示薬を用いる。

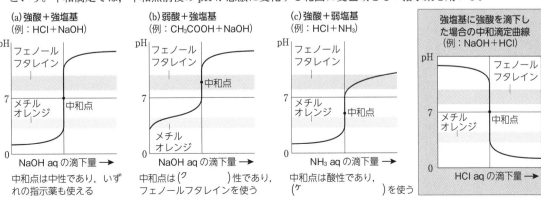

(a) 強酸+強塩基
(例：HCl+NaOH)
中和点は中性であり，いずれの指示薬も使える

(b) 弱酸+強塩基
(例：CH₃COOH+NaOH)
中和点は(^{ク}　　　　)性であり，フェノールフタレインを使う

(c) 強酸+弱塩基
(例：HCl+NH₃)
中和点は酸性であり，(^{ケ}　　　　　　)を使う

強塩基に強酸を滴下した場合の中和滴定曲線
(例：NaOH+HCl)

例題 **33** 中和滴定曲線

➡ 問題 190

ある濃度の酢酸水溶液を，0.10 mol/L の水酸化ナトリウム水溶液で中和滴定を行った。次の各問に答えよ。

(1) この滴定の中和点での pH の値について，次の(ア)～(ウ)の中から正しいものを1つ選べ。

(ア) 7 よりも小さい　(イ) 7　(ウ) 7 よりも大きい

(2) この滴定の中和滴定曲線として，最も適当なものを図の(A)～(D)から選べ。

(3) この中和滴定の指示薬として適当なものはどれか。次から1つ選び，記号で答えよ。

(ア) メチルオレンジ(変色域の pH 3.1～4.4)

(イ) フェノールフタレイン(変色域の pH 8.0～9.8)

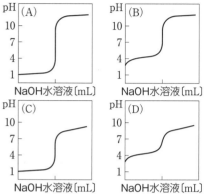

解説 (1)，(2) 弱酸(酢酸)と強塩基(水酸化ナトリウム)の中和では，中和点は塩基性側にある。これは，中和点では，酢酸ナトリウム CH₃COONa を生じており，これが塩基性を示すためである。

(3) pH が急激に変化する部分(塩基性側)に変色域をもつ指示薬を用いる。

解答 (1) **(ウ)** (2) **(B)** (3) **(イ)**

□ **190.** 知識 **中和滴定曲線** 次の(A)，(B)の酸と塩基の組み合わせによる中和滴定について，下の各問に答えよ。ただし，水溶液はすべて 0.10 mol/L とする。

(A) HCl と NaOH　(B) CH₃COOH と NaOH

(1) この滴定の中和滴定曲線は(ア)～(エ)のどれか。それぞれ記号で答えよ。

(1)(A) _____

(B) _____

(2)(A) _____

(B) _____

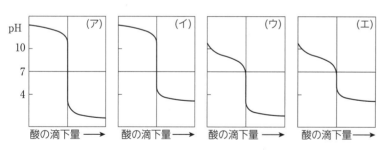

(2) この中和滴定の指示薬に適しているものは(a)～(c)のどれか。それぞれ記号で答えよ。

(a) メチルオレンジ　(b) フェノールフタレイン

(c) メチルオレンジとフェノールフタレインのどちらでもよい

思考

□ 191. 中和滴定の実験器具

図の器具について，次の各問に答えよ。

(1)　(ア)～(エ)の名称を記せ。

(2)　一定体積の溶液を正確にはかり取るのに用いる器具を記号で答えよ。

(3)　正確な濃度の溶液を調製するのに用いる器具を記号で答えよ。

(4)　器具を洗浄してまだ純水でぬれたままの状態のとき，これから使用する溶液で洗浄(共洗い)してから使用しなければならないものはどれか。２つ選び，記号で答えよ。

(5)　加熱して乾燥させてもよいものはどれか。記号で答えよ。

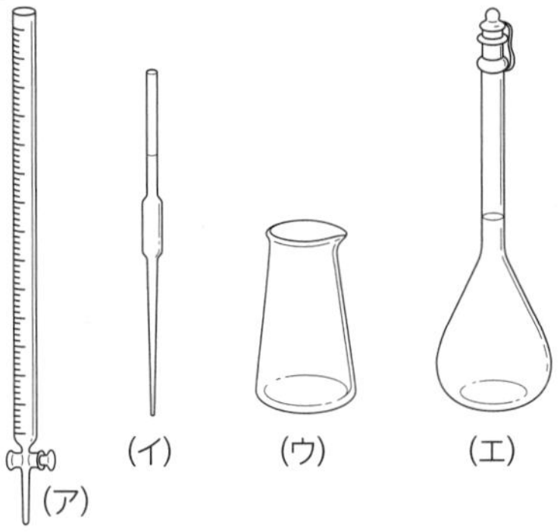

(1)(ア)＿＿＿＿

(イ)＿＿＿＿

(ウ)＿＿＿＿

(エ)＿＿＿＿

(2)＿＿＿＿

(3)＿＿＿＿

(4)＿＿＿＿，＿＿＿＿

(5)＿＿＿＿

知識

□ 192. 中和滴定

シュウ酸二水和物$(COOH)_2\cdot 2H_2O$(モル質量126g/mol)を正確に3.15gはかり取り，$_a$水を加えて500mLのシュウ酸標準溶液とした。この$_b$シュウ酸水溶液20.0mLをはかり取ってコニカルビーカーに移し，フェノールフタレインを加えたのち，$_c$濃度のわからない水酸化ナトリウム水溶液で滴定したところ，12.5mLを要した。

(1)　下線部a～cで用いた実験器具を次の中から選び，記号で答えよ。

　(A)　ビュレット　　(B)　ホールピペット　　(C)　メスフラスコ

(2)　シュウ酸標準溶液のモル濃度は何mol/Lか。

(3)　水酸化ナトリウム水溶液のモル濃度は何mol/Lか。

(1) a：＿＿＿＿

b：＿＿＿＿

c：＿＿＿＿

(2)＿＿＿＿

(3)＿＿＿＿

標準問題

思考

□ 193. 中和と滴定曲線

ある濃度の1価の強酸50mLに，0.20mol/Lの1価の強塩基を少量ずつ加えたときの滴定曲線は以下のようになった。滴定曲線中のA点(滴定開始時)，B点(中和点)，C点(強塩基を100mL加えたとき)のpHがそれぞれいくらになるか，小数第1位まで求めよ。

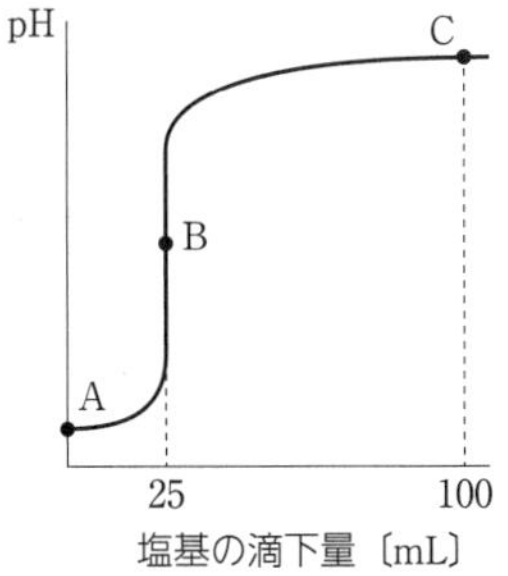

A：＿＿＿＿

B：＿＿＿＿

C：＿＿＿＿

□ **194.** 中和滴定　食酢中の酢酸の濃度を調べるために，次の実験を行った。下の各問に答えよ。ただし，食酢に含まれる酸はすべて酢酸であるとする。

食酢を器具（　A　）を用いて正確に 10.0 mL はかり取り，器具（　B　）に移して水を加え，正確に 100 mL とした。この薄めた水溶液から正確に 20.0 mL はかり取り，コニカルビーカーに入れ，ここに指示薬（　a　）を 1〜2 滴加えた。0.100 mol/L の水酸化ナトリウム水溶液を器具（　C　）に入れ，少しずつ滴下したところ，終点までに水酸化ナトリウム水溶液を 15.0 mL 要した。

(1)　器具A，B，Cにあてはまる図を(ア)〜(オ)から選び，その名称も記せ。

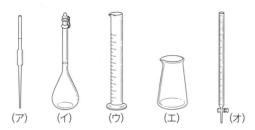

（ア）　　（イ）　　（ウ）　　（エ）　　（オ）

(2)　文中の指示薬 a にあてはまるものはどれか。次の(ア)，(イ)から選べ。
　（ア）　メチルオレンジ　　　（イ）　フェノールフタレイン
(3)　中和の終点では，溶液の色は何色から何色に変化するか。
(4)　薄める前の食酢中の酢酸のモル濃度は何 mol/L か。
(5)　薄める前の食酢中の酢酸の質量パーセント濃度を求めよ。ただし，薄める前の食酢の密度を 1.00 g/cm³ とする。

(1) A：_____

　　　　_____

　　B：_____

　　　　_____

　　C：_____

　　　　_____

(2)_____

(3)_____

(4)_____

(5)_____

□ **195.** 固体や気体の中和　次の各問に答えよ。
(1)　固体の水酸化ナトリウム 4.0 g を水 80 mL で溶かした水溶液を，2.0 mol/L の塩酸で中和するためには，塩酸は何 mL 必要か。
(2)　0 ℃，1.013×10⁵ Pa で 1.12 L のアンモニアを水に溶かして 100 mL にした水溶液 10 mL を，0.10 mol/L の硝酸で中和するためには硝酸は何 mL 必要か。

(1)_____

(2)_____

□ **196.** 純度　水分を吸収した水酸化ナトリウムの固体 1.0 g を中和するのに，0.20 mol/L の硫酸水溶液 50 mL を要した。この水酸化ナトリウムの純度を質量パーセントで求めよ。ただし，固体には水酸化ナトリウムと水だけが含まれていたものとする。

_____

例題 34 逆滴定

⇒ 問題 197, 198

アンモニアの量を調べるために, 一定量のアンモニアを, 0.50mol/L の硫酸水溶液 10.0mL に完全に吸収させ, 未反応の硫酸を 0.10mol/L の水酸化ナトリウム水溶液で中和滴定したところ, 75.0mL で完全に中和した。はじめのアンモニアの体積は 0℃, 1.013×10⁵Pa で何 mL か。

解説　アンモニアは, これを過剰量の酸に吸収させたのち, 残った未反応の酸を濃度のわかった塩基の水溶液で中和滴定して, その量を間接的に求めることができる。

逆滴定では, 酸から生じる H⁺ の総物質量＝塩基から生じる OH⁻ の総物質量が成り立つので, アンモニアの物質量を x[mol] とすると, 次式が成立する。

$$2 \times 0.50\,\text{mol/L} \times \frac{10.0}{1000}\,\text{L} = 1 \times x\,[\text{mol}] + 1 \times 0.10\,\text{mol/L} \times \frac{75.0}{1000}\,\text{L}$$

$$x = 2.5 \times 10^{-3}\,\text{mol}$$

Advice
使用した酸から生じる H⁺ や塩基から生じる OH⁻ をすべて線分図で示す。

←――――――― 塩基から生じる OH⁻ の総物質量 ―――――――→	
NH₃ から生じる OH⁻ の物質量	NaOH から生じる OH⁻ の物質量
H₂SO₄ から生じる H⁺ の物質量	
←――――――― 酸から生じる H⁺ の総物質量 ―――――――→	

したがって, アンモニアの 0℃, 1.013×10⁵Pa における体積は, 次のようになる。

解答

$22.4\,\text{L/mol} \times 2.5 \times 10^{-3}\,\text{mol} = 5.6 \times 10^{-2}\,\text{L} = 56\,\text{mL}$

56 mL

□ **197. 塩化水素の逆滴定** 　[知識]　ある量の塩化水素を 0.20mol/L の水酸化ナトリウム水溶液 20.0mL に完全に吸収させた。残った水酸化ナトリウムを 0.20mol/L の塩酸で中和すると, 5.0mL を要した。吸収させた塩化水素は 0℃, 1.013×10⁵Pa で何 mL か。

_____

□ **198. 混合物の中和** 　[思考]　塩化水素 HCl と硫化水素 H₂S の混合気体 336mL (0℃, 1.013×10⁵Pa) を 0.100mol/L 水酸化ナトリウム水溶液 300mL に吸収させた。残った水酸化ナトリウムを中和するのに, 0.100mol/L 硫酸水溶液 50.0mL を要した。吸収させた硫化水素は何 mL か。

_____

□ **199. 中和滴定とイオンの物質量** 　[思考]
水酸化バリウム水溶液に, 硫酸水溶液を加えて中和していくときの, 各イオンの物質量の変化のうち, (1)H⁺ と (2)Ba²⁺ を最もよく表しているグラフは, 下の(ア)～(エ)のどれか。それぞれ記号で答えよ。

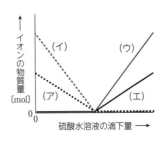

(1) _____

(2) _____

22 酸化と還元

📖 学習のまとめ

1 酸化と還元

①酸化と還元の定義

	酸化		還元	
(^{ア} 　　　) のやり取り	受け取る	$\underline{C}+O_2 \longrightarrow CO_2$	失う	$\underline{Fe_2O_3}+3CO \longrightarrow 2Fe+3CO_2$
(^{イ} 　　　) のやり取り	失う	$2\underline{H_2S}+SO_2 \longrightarrow 3S+2H_2O$	受け取る	$\underline{I_2}+H_2 \longrightarrow 2HI$
(^{ウ} 　　　) のやり取り	失う	$\underline{Cu} \longrightarrow Cu^{2+}+2e^-$	受け取る	$\underline{Ag^+}+e^- \longrightarrow Ag$

酸化と還元は 2 つの物質の間で同時に起こっている。このような反応を
(^{エ} 　　　　　　)反応という。

> 酸化や還元の反応は，「〜が酸化された」，「〜が還元された」と受け身の形で表現することが多い。

②酸化数　原子やイオンの酸化の程度を示すものとして酸化数が用いられる。

単体中の原子の状態を 0 として，これより電子を失った（**酸化された**）状態を（^{オ} 　　　）の値で表し，受け取った（**還元された**）状態を（^{カ} 　　　）の値で表す。酸化数は，正の値で表される場合も「＋」の符号は省略せず，例えば「＋1」のように記述する。

	酸化数の決め方	例
①	単体中の原子の酸化数は（^{キ} 　　　）とする。	Cu 中の Cu は 0，H_2 中の H は（^{ク} 　　　）
②	単原子イオン中の原子の酸化数は，そのイオンの電荷に等しい。	Na^+ 中の Na は +1，S^{2-} 中の S は（^{ケ} 　　　）
③	化合物中の水素原子 H の酸化数は +1，酸素原子 O の酸化数は −2 とする。	H_2O 中の H は（^{コ} 　　　），O は −2
④	化合物中の原子の酸化数の総和は 0 とする。	H_2O 中の各原子の酸化数の総和 $=(+1)\times2+(-2)=0$
⑤	多原子イオン中の各原子の酸化数の総和は，そのイオンの電荷に等しい。	H_3O^+ 中の各原子の酸化数の総和 $=(+1)\times3+(-2)=($ ^{サ} 　　　$)$

●化合物中の，アルカリ金属の原子の酸化数は +1，アルカリ土類金属の原子の酸化数は +2 である。

●例外的に，H_2O_2 の O は −1，NaH や CaH_2 の H は −1 である。

NH_3 中の N　　窒素原子 N の酸化数を x とすると，NH_3 中の各原子の酸化数の総和は 0，化合物中の水素原子 H の酸化数は +1 なので，$x+(+1)\times3=0$　$x=($ ^{シ} 　　　$)$

SO_4^{2-} 中の S　　硫黄原子 S の酸化数を x とすると，SO_4^{2-} 中の各原子の酸化数の総和は −2，化合物中の酸素原子 O の酸化数は −2 だから，$x+(-2)\times4=-2$　$x=($ ^{ス} 　　　$)$

③酸化数の増減と酸化・還元

化学変化の前後の酸化数を調べることで，酸化されたか，還元されたかを判断することができる。

　　酸化数が増加…(^{セ} 　　　)された　　　酸化数が減少…(^{ソ} 　　　)された

（例）　$\underline{CuO}+\underline{H_2} \longrightarrow \underline{Cu}+\underline{H_2O}$
　　　　　+2　　0　　　　0　　+1

酸化数の増減という観点で見ると，CuO における Cu 原子の酸化数は（^{タ} 　　　），単体の Cu における Cu 原子の酸化数は（^{チ} 　　　）であることから，酸化数は（^{ツ} 　　　）しており，CuO は（^{テ} 　　　）されている。また，単体の H_2 における H 原子の酸化数は 0 で，H_2O における H 原子の酸化数は（^{ト} 　　　）であることから，酸化数は（^{ナ} 　　　）しており，H_2 は（^{ニ} 　　　）されている。

酸素原子 O の酸化数は反応の前後で変化していないので，酸素原子 O は酸化も還元もされていない。

例題 35 酸化・還元の定義 ⟹ 問題 200

次のような変化が起こったとき，物質は「酸化された」か，「還元された」か答えよ。

(1) 酸素を失った　　　　　　　(2) 水素と化合した
(3) 電子を受け取った　　　　　(4) 酸化数が増加した

解説 酸化・還元は，酸素原子や水素原子，電子の授受および酸化数の変化で定義される。
「酸化される」とは，「酸素を受け取る」，「水素を失う」，「電子を失う」，「酸化数が増加する」変化であり，
「還元される」とは，「酸素を失う」，「水素を受け取る」，「電子を受け取る」，「酸化数が減少する」変化である。

解答 (1) 還元された　　(2) 還元された　　(3) 還元された　　(4) 酸化された

知識

☐ **200. 酸化・還元の定義** 次の表の(ア)～(カ)に(受け取る，失う，増加する，減少する)のいずれかの適切な語句を入れよ。ただし，同じ語句を何度用いてもよい。

	酸化される	還元される
酸素原子を	受け取る	失う
水素原子を	ア	イ
電子を	ウ	エ
酸化数が	オ	カ

知識

☐ **201. 酸素，水素の授受と酸化・還元** 次の下線をつけた物質は，酸化されたか。還元されたか。

(1) 2$\underline{Mg}$+O_2 ⟶ 2MgO

(2) $\underline{Cu}O$+H_2 ⟶ Cu+H_2O

(3) $\underline{C}H_4$+2O_2 ⟶ CO_2+2H_2O

(4) 2$H_2\underline{S}$+O_2 ⟶ 2H_2O+2S

(1) _____

(2) _____

(3) _____

(4) _____

例題 36 酸化数 ⟹ 問題 202

次の分子やイオンについて，下線部の原子の酸化数を求めよ。

(1) $\underline{N}_2$　　(2) $\underline{C}H_4$　　(3) H$\underline{Cl}$　　(4) H$\underline{C}O_3{}^-$

解説 (1) 単体中の原子の酸化数は0である。

(2) 化合物中のHは +1，Oは −2 であり，化合物中の各原子の酸化数の和は0である。Cの酸化数をxとすると，
　　（Cの酸化数）+（Hの酸化数）×4=0　　x+（+1）×4=0　　x=−4

(3) Clの酸化数をxとすると，
　　（Hの酸化数）+（Clの酸化数）=0　　（+1）+x=0　　x=−1

(4) 多原子イオンでは，各原子の酸化数の総和はイオンの電荷に等しい。Cの酸化数をxとすると，
　　（Hの酸化数）+（Cの酸化数）+（Oの酸化数）×3=−1　　（+1）+x+（−2）×3=−1　　x=+4

解答 (1) **0**　　(2) **−4**　　(3) **−1**　　(4) **+4**

> **Advice**
> 酸化数は，化合物中のHは +1，Oは −2 である。化合物中の他の原子については，化合物中の原子の酸化数の総和が0（多原子イオンではそのイオンの電荷）であることから算出する。

□ **202.** 知識 **酸化数** 下線部の原子の酸化数を求めよ。

(1) $\underline{O}_2$ _____

(5) $H_2\underline{S}O_4$ _____

(9) $\underline{Fe}^{2+}$ _____

(2) $H_2\underline{O}$ _____

(6) $(\underline{C}OOH)_2$ _____

(10) $\underline{N}H_4{}^+$ _____

(3) $H_2\underline{O}_2$ _____

(7) $K\underline{Cl}O_3$ _____

(11) $\underline{Mn}O_4{}^-$ _____

(4) $H_2\underline{S}$ _____

(8) $Na\underline{Cl}O$ _____

(12) $\underline{Cr}_2O_7{}^{2-}$ _____

□ **203.** 知識 **酸化数の大小** 次の物質を，窒素の酸化数が小さい順に番号で　　　___ < ___ < ___ < ___ < ___
並べよ。

(1) HNO_3　　(2) N_2　　(3) NO_2　　(4) NH_3　　(5) NO

□ **204.** 知識 **酸化数と酸化・還元** 次の化学反応式の下
線を引いた原子が酸化されたか，還元されたかを，酸
化数の変化とともに例にならって示せ。

(例) $H_2+\underline{Cl}_2 \longrightarrow 2HCl$

(1) $\underline{Ca}+2H_2O \longrightarrow Ca(OH)_2+H_2$

(2) $2K\underline{Mn}O_4+8H_2SO_4+10KI$
$\longrightarrow 2MnSO_4+6K_2SO_4+5I_2+8H_2O$

(3) $2\underline{F}_2+2H_2O \longrightarrow 4HF+O_2$

(4) $\underline{Mn}O_2+4HCl \longrightarrow MnCl_2+Cl_2+2H_2O$

(5) $Cu+2H_2\underline{S}O_4 \longrightarrow CuSO_4+2H_2O+SO_2$

(例)	0	→	−1	・	還元
(1)		→		・	
(2)		→		・	
(3)		→		・	
(4)		→		・	
(5)		→		・	

□ **205.** 知識 **化学反応式と酸化・還元** 次の化学反応式において，酸化されてい
る物質はどれか，化学式で答えよ。

(1) $Fe_2O_3+2Al \longrightarrow 2Fe+Al_2O_3$

(2) $H_2S+Cl_2 \longrightarrow S+2HCl$

(3) $2KI+Cl_2 \longrightarrow 2KCl+I_2$

(1) _____

(2) _____

(3) _____

□ **206.** 思考 **酸化還元反応の判別** 次の化学反応のうち，酸化還元反応ではない　　　_____
ものを１つ選び，記号で答えよ。

（ア） $2Al+3H_2SO_4 \longrightarrow Al_2(SO_4)_3+3H_2$

（イ） $2KI+Br_2 \longrightarrow 2KBr+I_2$

（ウ） $2NaOH+SO_2 \longrightarrow Na_2SO_3+H_2O$

（エ） $CH_4+2O_2 \longrightarrow CO_2+2H_2O$

学習日	学習時間
/	分

📖 学習のまとめ

1 酸化剤と還元剤の反応

①酸化剤と還元剤

酸化剤：相手を(^{ア}　　　　)し，自身は(^{イ}　　　　　　)される。電子を受け取る物質。

還元剤：相手を(^{ウ}　　　　)し，自身は(^{エ}　　　　　　)される。電子を与える物質。

酸化剤	半反応式	還元剤	半反応式
Cl_2	$Cl_2 + 2e^- \longrightarrow 2Cl^-$	Na	$Na \longrightarrow Na^+ + e^-$
HNO_3(濃)	$HNO_3 + H^+ + e^- \longrightarrow NO_2 + H_2O$	H_2	$H_2 \longrightarrow 2H^+ + 2e^-$
HNO_3(希)	$HNO_3 + 3H^+ + 3e^- \longrightarrow NO + 2H_2O$	H_2S	$H_2S \longrightarrow S + 2H^+ + 2e^-$
H_2SO_4(熱濃)	$H_2SO_4 + 2H^+ + 2e^- \longrightarrow SO_2 + 2H_2O$	$(COOH)_2$	$(COOH)_2 \longrightarrow 2CO_2 + 2H^+ + 2e^-$
$KMnO_4$(酸性)	$MnO_4^- + 8H^+ + 5e^- \longrightarrow Mn^{2+} + 4H_2O$	KI	$2I^- \longrightarrow I_2 + 2e^-$
(中性・塩基性)	$MnO_4^- + 2H_2O + 3e^- \longrightarrow MnO_2 + 4OH^-$	$FeSO_4$	$Fe^{2+} \longrightarrow Fe^{3+} + e^-$
$K_2Cr_2O_7$	$Cr_2O_7^{2-} + 14H^+ + 6e^- \longrightarrow 2Cr^{3+} + 7H_2O$	$SnCl_2$	$Sn^{2+} \longrightarrow Sn^{4+} + 2e^-$
H_2O_2	$H_2O_2 + 2H^+ + 2e^- \longrightarrow 2H_2O$	H_2O_2	$H_2O_2 \longrightarrow O_2 + 2H^+ + 2e^-$
SO_2	$SO_2 + 4H^+ + 4e^- \longrightarrow S + 2H_2O$	SO_2	$SO_2 + 2H_2O \longrightarrow SO_4^{2-} + 4H^+ + 2e^-$

酸化剤は電子を受け取る物質なので，酸化剤の半反応式では(^{オ}　　　　　　)に電子 e^- がある。一方，還元剤は電子を与える物質なので，還元剤の半反応式では(^{カ}　　　　　　)に電子 e^- がある。

②酸化剤・還元剤の反応

● 過酸化水素 H_2O_2 や二酸化硫黄 SO_2 は反応する相手によって，酸化剤としても還元剤としてもはたらく。これらは，反応する相手が酸化剤なら自身は(^{キ}　　　　　　)剤としてはたらき，反応する相手が還元剤なら自身は(^{ク}　　　　　　)剤としてはたらく。

● 酸化剤や還元剤の水溶液を酸性にして反応を進める場合，一般に(^{ケ}　　　　　)が用いられ，塩化水素や硝酸は用いられない。これは，塩化水素では Cl^- が(^{コ}　　　　　)剤としてはたらき，硝酸ではそれ自身が(^{サ}　　　　　)剤としてはたらくためである。

● 硫酸 H_2SO_4 が酸化剤としてはたらくのは，濃硫酸を加熱して反応させたときである。このような状態の硫酸を(^{シ}　　　　　)という。

● 硝酸 HNO_3 のように濃度によって酸化剤としてのはたらき方が異なるものもある。

● 過マンガン酸カリウム $KMnO_4$ のように水溶液の性質(酸性，中性・塩基性)に応じて酸化剤としてのはたらき方が異なるものもある。

● (^{ス}　　　　　)元素は電子を失って陽イオンになりやすい性質(陽性)をもつ。したがって，金属の単体は(^{セ}　　　　　)剤としてはたらく。

━━━━━━━━━━━ **基本** 問題 ━━━━━━━━━━━

□ **207. 酸化剤・還元剤のはたらき** 　次の化学反応式を参考にして，下の文中の(ア)～(オ)に(　　)から適切な語句を選び，解答欄に記入せよ。

$$2KI + Cl_2 \longrightarrow 2KCl + I_2$$

ヨウ化カリウム KI 水溶液に塩素 Cl_2 を加えると，ヨウ化物イオン I^- は電子を(^{ア} 受け取って／失って)，ヨウ素 I_2 となる。この反応で，ヨウ化物イオンは(^{イ} 酸化／還元)されるので，ヨウ化カリウムは(^{ウ} 酸化剤／還元剤)として作用している。一方，塩素は(^{エ} 酸化／還元)されるので，(^{オ} 酸化剤／還元剤)として作用している。

(ア)
(イ)
(ウ)
(エ)
(オ)

$H_2O_2+2HCl \longrightarrow 2H_2O+Cl_2$ の化学反応式において，酸化された原子および還元された原子を，酸化数の変化とともに示せ。また，酸化剤および還元剤を化学式で示せ。

解説 原子の酸化数の増減を調べる。

$$H_2O_2+2H\underline{Cl} \longrightarrow 2H_2\underline{O}+\underline{Cl}_2$$

$$-1 \quad\quad -1 \quad\quad\quad -2 \quad 0$$

酸化数減少（還元された）　　　　　酸化数増加（酸化された）

Advice

酸化還元反応では，還元剤から酸化剤に電子が受け渡される。

酸化剤は相手を酸化し，自身は還元される。したがって，酸化剤は還元された原子を含む物質である。一方，還元剤は酸化された原子を含む物質である。

解答 酸化された原子：$Cl(-1 \rightarrow 0)$　　還元された原子：$O(-1 \rightarrow -2)$

酸化剤：H_2O_2　還元剤：HCl

□ **208.** 【知識】 **酸化剤・還元剤** 次の各反応の酸化剤と還元剤をそれぞれ化学式で答えよ。

(1) $2KI+Br_2 \longrightarrow 2KBr+I_2$

(2) $SO_2+H_2O_2 \longrightarrow H_2SO_4$

(3) $SO_2+2H_2S \longrightarrow 3S+2H_2O$

(4) $2Na+2H_2O \longrightarrow 2NaOH+H_2$

(5) $2FeSO_4+H_2SO_4+H_2O_2 \longrightarrow Fe_2(SO_4)_3+2H_2O$

(1)酸化剤		還元剤
(2)酸化剤		還元剤
(3)酸化剤		還元剤
(4)酸化剤		還元剤
(5)酸化剤		還元剤

□ **209.** 【知識】 **酸化剤・還元剤の変化** 酸化数の変化に注目して，酸化剤と還元剤の電子の授受を表す半反応式の空欄を埋めて，反応式を完成せよ。

(1) $HNO_3+3H^++(\ ア \ )e^- \longrightarrow NO+2H_2O$

(2) $Cr_2O_7^{2-}+14H^++(\ イ \ )e^- \longrightarrow 7H_2O+2Cr^{3+}$

(3) $SO_2+2H_2O \longrightarrow SO_4^{2-}+4H^++(\ ウ \ )e^-$

(4) $(COOH)_2 \longrightarrow 2CO_2+(\ エ \ )H^++(\ オ \ )e^-$

(5) $SO_2+(\ カ \ )H^++(\ キ \ )e^- \longrightarrow S+2H_2O$

(ア)

(イ)

(ウ)

(エ)

(オ)

(カ)

(キ)

□ **210.** 【知識】 **半反応式** 酸化還元反応における反応物と生成物を示す。酸化剤，還元剤としてのはたらきを示す反応式を完成させよ。

(1) $HNO_3 \longrightarrow NO_2$

(2) $H_2S \longrightarrow S$

(3) $H_2SO_4 \longrightarrow SO_2$

(4) $MnO_4^- \longrightarrow Mn^{2+}$

(1)

(2)

(3)

(4)

□ **211.** [知識] **硫黄の酸化数** 硫黄を含む化合物の硫黄原子の酸化数について，次の
文中の（　）に適切な語句や数値を記せ。

　硫化水素 H_2S 中の硫黄原子Sの酸化数は（　ア　）であり，硫黄の酸化数と
して最も（　イ　）い値をとる。したがって，H_2S 中のS原子は電子を与えるこ
とはあっても電子を得ることはなく，H_2S は（　ウ　）剤としてのみはたらく。
一方，硫酸 H_2SO_4 中の硫黄原子の酸化数は（　エ　）であり，最も（　オ　）い値
である。したがって，H_2SO_4 中のS原子は電子を得ることはあっても与えるこ
とはなく，H_2SO_4 は（　カ　）剤としてのみはたらく。二酸化硫黄 SO_2 中の硫
黄原子は(ア)と(エ)の中間の酸化数をとり，酸化剤，還元剤のいずれとしても
はたらくことができる。

（ア）_____

（イ）_____

（ウ）_____

（エ）_____

（オ）_____

（カ）_____

例題 38 **酸化還元と酸化剤・還元剤**　　　　　　　➡ 問題 212

次の半反応式を組み合わせて，銅を希硝酸に加えたときのイオン反応式，および酸化還元の反応式を記せ。

$Cu \longrightarrow Cu^{2+}+2e^-$　　　　　　…①

$HNO_3+3H^++3e^- \longrightarrow NO+2H_2O$　　　…②

解説　酸化還元反応において，還元剤が与える電子の数と酸化剤が受け取る
電子の数は等しいので，それぞれの半反応式の電子の数が等しくなるように組み
合わせて酸化還元反応式をつくる。
①式を3倍して電子を6個与えたときの半反応式の形に，②式を2倍して電子を
6個受け取ったときの半反応式の形にして，足し合わせ，電子を消去する。

$3Cu \longrightarrow 3Cu^{2+}+6e^-$　　　　…①×3

$\underline{+)\ 2HNO_3+6H^++6e^- \longrightarrow 2NO\ +4H_2O}$　　…②×2

$3Cu+2HNO_3+6H^+ \longrightarrow 3Cu^{2+}+2NO+4H_2O$　　（イオン反応式）

$6H^+$ は酸である希硝酸 HNO_3 から電離して生じたイオンなので，両辺に $6NO_3^-$
を加え，式を整える。

$3Cu+2HNO_3+(6H^++6NO_3^-) \longrightarrow (3Cu^{2+}+6NO_3^-)+2NO+4H_2O$

$3Cu+2HNO_3+6HNO_3 \longrightarrow 3Cu(NO_3)_2+2NO+4H_2O$　　（化学反応式）

解答　イオン反応式　　$3Cu+2HNO_3+6H^+ \longrightarrow 3Cu^{2+}+2NO+4H_2O$

　　　　化学反応式　　$3Cu+8HNO_3 \longrightarrow 3Cu(NO_3)_2+2NO+4H_2O$

Advice
酸化還元反応では，酸化剤と
還元剤の間で過不足なく電子
の授受が行われる。したがっ
て，半反応式を組み合わせて
完成したイオン反応式，ある
いは化学反応式には，電子
e^- は左右両辺で消去されて
残らない。

□ **212.** [思考] **酸化還元の反応式**　次の半反応式を組み合わせて，酸化還元の反応
式を完成せよ。(1)，(3)，(4)はイオン反応式，(2)は化学反応式で示せ。

(1) $\begin{cases} H_2O_2+2H^++2e^- \longrightarrow 2H_2O \\ 2I^- \longrightarrow I_2+2e^- \end{cases}$

(2) $\begin{cases} SO_2+4H^++4e^- \longrightarrow S+2H_2O \\ H_2S \longrightarrow S+2H^++2e^- \end{cases}$

(3) $\begin{cases} Cr_2O_7^{2-}+14H^++6e^- \longrightarrow 2Cr^{3+}+7H_2O \\ H_2O_2 \longrightarrow O_2+2H^++2e^- \end{cases}$

(4) $\begin{cases} MnO_4^-+8H^++5e^- \longrightarrow Mn^{2+}+4H_2O \\ SO_2+2H_2O \longrightarrow SO_4^{2-}+4H^++2e^- \end{cases}$

(1)_____

(2)_____

(3)_____

(4)_____

📖 学習のまとめ

1 酸化還元反応の量的関係

①**酸化還元の量的関係** 酸化還元反応においては，酸化剤（電子を受け取る）と還元剤（電子を失う）の間でやりとりされる（ア　　　　）の数は等しい。つまり，酸化剤が受け取る電子の物質量と還元剤が失う電子の物質量が等しいとき，酸化剤と還元剤が過不足なく反応する。

> 酸化剤が受け取る電子 e^- の物質量＝還元剤が失う電子 e^- の物質量

（例） 硫酸酸性の水溶液中で $KMnO_4$（酸化剤）と H_2O_2（還元剤）を反応させたとき，

$MnO_4^- + 8H^+ + 5e^- \longrightarrow Mn^{2+} + 4H_2O$　　　…①

$H_2O_2 \longrightarrow O_2 + 2H^+ + 2e^-$　　　　　　　　…②

①式より，$KMnO_4$ 1 mol は電子を（イ　　　　）mol 受け取り，②式より H_2O_2 1 mol は電子を（ウ　　　　）mol 失う。したがって，c[mol/L]の $KMnO_4$ 水溶液 V[L]と，c'[mol/L]の H_2O_2 水溶液 V'[L]が過不足なく反応するとき，次のような関係が成り立つ。

$$\underset{\text{$KMnO_4$ が受け取る電子の物質量}}{c \times V \times (\text{エ}\qquad)} = \underset{\text{H_2O_2 が失う電子の物質量}}{c' \times V' \times (\text{オ}\qquad)}$$

②**酸化還元滴定** 濃度既知の酸化剤（還元剤）を用いて，濃度未知の還元剤（酸化剤）の濃度を決定する操作を（カ　　　　　　）という。

基本問題

例題 ③⑨ 酸化還元滴定
➡ 問題 213〜215

過マンガン酸イオン MnO_4^- は，硫酸酸性水溶液中で①式のように相手の物質から電子を奪い，シュウ酸 $(COOH)_2$ は②式のように相手の物質に電子を与える。

$MnO_4^- + 8H^+ + 5e^- \longrightarrow Mn^{2+} + 4H_2O$　　　…①

$(COOH)_2 \longrightarrow 2CO_2 + 2H^+ + 2e^-$　　　　…②

0.050 mol/L のシュウ酸水溶液 20 mL をコニカルビーカーに測りとり，硫酸酸性にしたのち，ビュレットを用いて 0.020 mol/L の過マンガン酸カリウム水溶液を少しずつ加え，<u>反応をちょうど完了させた</u>。①，②式を参考にして，次の各問に答えよ。

(1) 反応が完了するために必要な過マンガン酸カリウム水溶液の体積は何 mL か。

(2) 下線部の反応が完了したことはどのようにしてわかるか。

解説 (1) 0.050 mol/L のシュウ酸水溶液 20 mL 中に含まれるシュウ酸は，

$$0.050 \text{ mol/L} \times \frac{20}{1000}\text{L} = 0.0010 \text{ mol}$$

酸化還元反応では，酸化剤が受け取る電子の物質量と還元剤が放出する電子の物質量が等しいので，必要な過マンガン酸カリウム水溶液を V[L]とすると，次式が成り立つ。

$$\underset{\text{MnO_4^- が受け取る電子の物質量}}{0.020 \text{ mol/L} \times V\text{[L]} \times 5} = \underset{\text{$(COOH)_2$ が失う電子の物質量}}{0.0010 \text{ mol} \times 2}\qquad V = 0.020 \text{ L}$$

したがって，必要な過マンガン酸カリウム水溶液は 20 mL である。

(2) 滴下直後は，MnO_4^- の赤紫色が見られるが，振り混ぜると，残っている $(COOH)_2$ に還元され，ほぼ無色の Mn^{2+} になる。振り混ぜても MnO_4^- の赤紫色が消えなくなったときが，反応の終点である。

解答 (1) **20 mL** (2) 滴下した過マンガン酸カリウム水溶液の赤紫色が消えずに残ったとき

> **Advice**
> 酸化還元の量的関係を表す式は中和における量的関係を表す式と似ている。このとき，出入りする電子 e^- の数が酸・塩基における価数に相当する。

213. 知識 酸化還元反応の量的関係

ニクロム酸イオン $Cr_2O_7^{2-}$ は，硫酸酸性水溶液中で①式のように相手物質から電子を奪い，二酸化硫黄 SO_2 は②式のように相手物質に電子を与える。次の各問に答えよ。

$$Cr_2O_7^{2-}+14H^++6e^- \longrightarrow 2Cr^{3+}+7H_2O \quad \cdots ①$$
$$SO_2+2H_2O \longrightarrow SO_4^{2-}+4H^++2e^- \quad \cdots ②$$

(1) ①，②式から e^- を消去し K^+ と SO_4^{2-} を加えて，硫酸酸性のニクロム酸カリウム $K_2Cr_2O_7$ と二酸化硫黄の反応を化学反応式で表せ。

(1)

---

(2) この反応での水溶液の色の変化を示せ。

(2) 　　色→　　色

(3) ニクロム酸カリウム $0.40\,mol$ と完全に反応する二酸化硫黄の物質量は何 mol か。

(3)

標準問題

214. 知識 酸化還元滴定

硫酸酸性の水溶液中でニクロム酸カリウムと過酸化水素は酸化剤・還元剤として次の半反応式のようにはたらく。次の各問に答えよ。

$$Cr_2O_7^{2-}+14H^++6e^- \longrightarrow 2Cr^{3+}+7H_2O \quad \cdots ①$$
$$H_2O_2 \longrightarrow O_2+2H^++2e^- \quad \cdots ②$$

(1) 硫酸酸性におけるニクロム酸カリウムと過酸化水素との反応を，イオン反応式で表せ。

(1)

---

(2) 過酸化水素水 $10\,mL$ に硫酸酸性で $0.10\,mol/L$ のニクロム酸カリウム水溶液を $12\,mL$ 滴下したところで過不足なく反応した。この過酸化水素水のモル濃度は何 mol/L か。

(2)

(3) ニクロム酸カリウム水溶液の滴下には何と呼ばれる実験器具を用いるか。

(3)

---

215. 知識 酸化還元滴定

次の①，②の式を利用して，各問に答えよ。

$$H_2O_2 \longrightarrow O_2+2H^++2e^- \quad \cdots ①$$
$$MnO_4^-+8H^++5e^- \longrightarrow Mn^{2+}+4H_2O \quad \cdots ②$$

(1) 硫酸酸性における過マンガン酸イオンと過酸化水素の反応をイオン反応式で表せ。

(1)

---

(2) 過マンガン酸イオン $1.0\,mol$ と過不足なく反応する過酸化水素は何 mol か。

(2)

(3) 濃度不明の過マンガン酸カリウム水溶液 $50\,mL$ に希硫酸を加えて酸性にしたのち，$0.25\,mol/L$ の過酸化水素水を少しずつ加えた。$50\,mL$ 加えたところで，過マンガン酸カリウム水溶液の赤紫色が消え，ほぼ無色となった。過マンガン酸カリウム水溶液のモル濃度は何 mol/L か。

(3)

25 金属のイオン化傾向／金属の製錬

📖 学習のまとめ

1 金属のイオン化傾向

①金属のイオン化傾向

金属の単体が水溶液中で（ア　　　　　　）イオンになろうとする性質を金属のイオン化傾向という。イオン化傾向が（イ　　　　　）い金属ほど酸化されやすい（電子を失いやすい）。

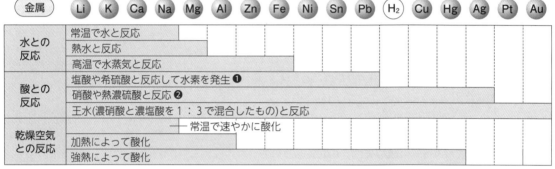

| Li | K | Ca | Na | Mg | Al | Zn | Fe | Ni | Sn | Pb | H₂ | Cu | Hg | Ag | Pt | Au |

← 大　　イオン化傾向（酸化のされやすさ）　小 →

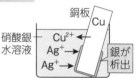

（例）　硝酸銀 $AgNO_3$ 水溶液に銅 Cu 板を入れると，銅板の表面に銀が析出する。

$$2Ag^+ + Cu \longrightarrow 2(ウ　　　　　) + (エ　　　　　)$$

したがって，イオン化傾向は（オ　　　　　）＞（カ　　　　　）である。

銅板 Cu
硝酸銀水溶液
Cu^{2+}
Ag^+
Ag^+
銀が析出

②金属の反応性

| 金属 | Li | K | Ca | Na | Mg | Al | Zn | Fe | Ni | Sn | Pb | H₂ | Cu | Hg | Ag | Pt | Au |

水との反応	常温で水と反応	
	熱水と反応	
	高温で水蒸気と反応	
酸との反応	塩酸や希硫酸と反応して水素を発生 ❶	
	硝酸や熱濃硫酸と反応 ❷	
	王水（濃硝酸と濃塩酸を 1：3 で混合したもの）と反応	
乾燥空気との反応	常温で速やかに酸化	
	加熱によって酸化	
	強熱によって酸化	

❶Pb を塩酸や希硫酸に浸すと表面に難溶性の $PbCl_2$ や（キ　　　　　）が生じるため，それ以上反応しない。

❷Al, Fe, Ni は濃硝酸とは表面にち密な酸化被膜を形成し，それ以上反応しなくなる。このような状態を（ク　　　　　）という。

2 酸化還元反応の利用

①金属の製錬

鉱石を還元し，硫黄や酸素などを取り除いて金属の単体を得る操作を（ケ　　　　　）という。

鉄の製錬…コークスを使って鉄鉱石（赤鉄鉱 Fe_2O_3 など）を還元する。

（コ　　　　　　　）…溶鉱炉から得られ，炭素を約 4 ％含み，かたくてもろい。鋳物として，マンホールのふたなどに用いられる。

（サ　　　　　　　）…銑鉄を転炉中で酸素を吹き込むと得られる。炭素を 0.02 ～ 2 ％含み，かたくてねばり強い。建築材などに用いられる。

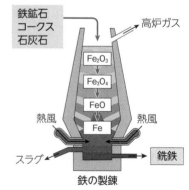

鉄鉱石
コークス
石灰石
高炉ガス

Fe_2O_3
Fe_3O_4
FeO
Fe

熱風　　熱風
スラグ
銑鉄

鉄の製錬

②漂白剤と酸化防止剤

漂白剤…酸化作用や還元作用によって，衣服などに付着した色素を分解させ，漂白する。

（例）　酸化による漂白剤…次亜塩素酸ナトリウム（シ　　　　　　　），過酸化水素 H_2O_2

酸化防止剤…食品よりも先に酸化されて，食品の酸化を防ぐことができる。

（例）　ビタミンC（アスコルビン酸），亜硫酸ナトリウム Na_2SO_3

□ **216.** 知識 **金属のイオン化傾向** 次の文中の（　　　）に適切な語句を入れよ。

硫酸銅(Ⅱ)水溶液に亜鉛板を浸すと，亜鉛板の表面に銅が付着する。これは（　ア　）から（　イ　）へ電子が移動するためである。このことから，水溶液中では（　ウ　）よりも（　エ　）の方が，（　オ　）を失って陽イオンになりやすいことがわかる。このように，水溶液中で陽イオンになろうとする性質を金属の（　カ　）という。また，亜鉛板を希硫酸に浸すと，水素を発生しながら溶ける。これは，水素が亜鉛よりも（　キ　）されやすいためである。

（ア）_____

（イ）_____

（ウ）_____

（エ）_____

（オ）_____

（カ）_____

（キ）_____

例題 40 金属のイオン化傾向 ⇒ 問題 217

次の組み合わせのうち，変化の起こるものには，その変化をイオン反応式で示し，変化が起こらないものには×を記せ。

(1) Cu^{2+} と Zn 　　(2) Ag と Fe^{2+}

解説　イオン化傾向の大きい金属をイオン化傾向の小さい金属のイオンを含む水溶液に浸すと，酸化還元反応が起こり，イオン化傾向の小さい金属が析出する。

(1) Cu と Zn では，Cu の方がイオン化傾向は小さい。したがって，Zn は電子を放出して Zn^{2+} となり，Cu^{2+} は電子を受け取って Cu となる。

(2) Ag と Fe では，Ag の方がイオン化傾向は小さい。したがって，変化は起きない。

解答　(1) $Cu^{2+} + Zn \longrightarrow Cu + Zn^{2+}$ 　(2) ×

Advice
イオン化傾向の大きい金属の水溶液とイオン化傾向の小さい金属では反応は起きない。

□ **217.** 知識 **金属の反応性** 次の組み合わせのうち，変化の起こるものにはその変化をイオン反応式で示し，変化が起こらないものには×を記せ。

(1) 硝酸銀水溶液と銅

(2) 希硫酸と銀

(3) 硫酸銅(Ⅱ)水溶液と亜鉛

(4) 硫酸亜鉛水溶液と鉄

(1)_____

(2)_____

(3)_____

(4)_____

□ **218.** 知識 **金属の反応性** 次の金属のうち，(1)～(4)にあてはまるものをそれぞれ1つずつ選べ。

Ca　Cu　Mg　Pt

(1) 常温の水と反応して水素を発生し，反応後の水溶液は強い塩基性を示す。

(2) 常温の水とは反応しないが，熱水と徐々に反応して，水素を発生する。

(3) 塩酸，希硫酸には溶けないが，硝酸や熱濃硫酸には溶ける。

(4) 硝酸や熱濃硫酸には溶けないが，王水には反応して溶ける。

(1)_____

(2)_____

(3)_____

(4)_____

□ **219.** 知識 **不動態** 濃硝酸と不動態を形成し，それ以上反応しなくなる金属を3

つ選び，元素記号で答えよ。

　　ナトリウム　　カルシウム　　マグネシウム　　アルミニウム

　　鉄　　ニッケル　　金

例題 ④1 金属のイオン化傾向の比較　　　　　　➡ 問題 220, 221, 222

4種類の金属A～Dに関する次の実験について，下の各問に答えよ。

　実験1　Aのイオンを含む水溶液にBの単体を入れても変
　　　　　化はみられなかった。
　実験2　Cのイオンを含む水溶液にDの単体を入れると，D
　　　　　の表面にCが析出した。
　実験3　Dのイオンを含む水溶液にBの単体を入れると，B
　　　　　の表面にDが析出した。

実験1　　　実験2　　　実験3

(1)　実験1～3から判断して，金属A～Dをイオン化傾向の大きい順に並べよ。

(2)　実験3の変化から，DとBはどちらが強い還元剤と考えられるか。

解説　(1)　各実験から次のように金属のイオン化傾向の大小が判断できる。

実験1　Aのイオンを含む水溶液にBを入れても，変化がみられなかったことから，
　　　　イオン化傾向はA＞Bとなる。
実験2　CのイオンがDから電子を受け取り，Dが陽イオンとなって水溶液中に溶出
　　　　してCが析出している。したがって，イオン化傾向はD＞Cとなる。
実験3　DのイオンがBから電子を受け取り，Bが陽イオンとなって水溶液中に溶出
　　　　してDが析出している。したがって，イオン化傾向はB＞Dとなる。

以上のことから，A～Dの金属のイオン化傾向を並べると，A＞B＞D＞Cとなる。

(2)　イオン化傾向の大きい金属ほど，電子を与えるはたらきが強いので強い還元剤である。
　　イオン化傾向がB＞Dなので，Bの方が強い還元剤である。

> **Advice**
> イオン化傾向が大きい金属
> がイオンとして存在し，小
> さい金属が単体として水溶
> 液に浸されているときは，
> 変化は起こらない。

解答　(1)　**A＞B＞D＞C**　　(2)　**B**

□ **220.** 思考 **金属の推定**　4種類の金属A～Dがある。次のことがわかっ　　　＞　　＞　　＞

ているとき，これらの金属をイオン化傾向の大きい順に並べよ。

(1)　Cは常温の水と反応したが，他は反応しなかった。

(2)　Bの陽イオンを含む水溶液にDを入れると，Dの表面にBが析出した。

(3)　Aは高温の水蒸気と反応したが，Dは反応しなかった。

□ **221.** 知識 **金属の製錬**　次の各成分を多く含む鉱石から，製錬によって金属の単

体を取り出す方法として適当なものを，次の(ア)～(ウ)からそれぞれ選べ。

(1)　金　　(2)　鉄　　(3)　銅

(ア)　酸化物を炭素や一酸化炭素で還元する。

(イ)　単体のまま産出する。

(ウ)　鉱石の成分を硫化物に変えたのち，強熱して還元する。

(1) _____

(2) _____

(3) _____

☐ **222.** **金属の推定**　6種類の金属A～Fは，ナトリウム，白金，鉄，銅，亜鉛，
鉛のいずれかである。以下の実験結果から，A～Fがいずれの金属であるかを
判断し，それぞれ化学式で示せ。

(1)　Cの陽イオンを含む水溶液にFを浸すと，Fの表面にCが析出し，Fはし
　　だいに溶解した。

(2)　Bを常温の水に入れると激しく反応し，水素を発生しながら溶解した。

(3)　B以外の金属を希硫酸に入れると，AとDが溶解した。

(4)　B以外の金属を濃硝酸に入れると，CとDとFが溶解した。

A _____

B _____

C _____

D _____

E _____

F _____

☐ **223.** **鉄の製錬**　図は，鉄の製錬
に用いられる溶鉱炉の模式図である。
溶鉱炉の上部から鉄鉱石，コークス
C，および（　ア　）を入れ，酸素を
含んだ熱風を下部分から送りこむと，
コークスから発生する一酸化炭素に
よって，鉄鉱石が（　イ　）されて金
属の鉄を生じる。

$Fe_2O_3 + 3CO \longrightarrow 2Fe + 3CO_2$ …①

　こうして得られた鉄は（　ウ　）と
よばれ，約4％の（　エ　）を含み，
かたくてもろい。これを転炉に入れ

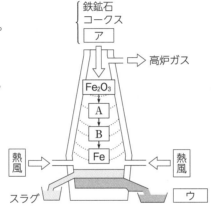

て酸素を吹きこんで(エ)の含有量を2％以下に減らすと，粘り強い丈夫な
（　オ　）となるので，建材として広く利用される。

(1)　文中の（　）に適切な語句を入れよ。

(2)　図のA，Bに該当する鉄の酸化物の化学式を記せ。

(3)　1 t(1000 kg)の酸化鉄(Ⅲ)を①式のように反応させたとき，何kgの単体
　　の鉄が得られるか。ただし，反応は①式のように完全に進行するものとせよ。
　　なお，Fe＝56，O＝16とせよ。

(1)(ア) _____

　(イ) _____

　(ウ) _____

　(エ) _____

　(オ) _____

(2) A _____

　B _____

(3) _____

☐ **224.** **酸化還元反応の利用**　次の記述のうち，酸化還元反応を利用してい
ないものを1つ選べ。

(ア)　使い捨てカイロを包装袋から出してよく振ると，あたたかくなった。

(イ)　衣類に付着した汚れを，漂白剤を用いてきれいにした。

(ウ)　石油から，分留によって，ナフサや灯油を取り出した。

(エ)　鉄鉱石から，製錬によって鉄の単体を取り出した。

(オ)　ペットボトルのお茶にはビタミンC(アスコルビン酸)が添加されている。

(カ)　マグネシウム粉末を空気中で加熱すると白い閃光を放って燃焼すること
　　を利用し，写真撮影時の光源として利用された。

_____

26 電池

📖 学習のまとめ

1 電池

① 電池　酸化還元反応を利用して，化学エネルギーを$(^{ア}\qquad)$エネルギーに変換する装置を電池という。

$(^{イ}\qquad)$…電子が流れ出る電極

$(^{ウ}\qquad)$…電子が流れこむ電極

② 電池の原理　電解質水溶液にイオン化傾向の異なる 2 種類の金属を浸して導線で結ぶと電流が流れる。イオン化傾向の大きい金属が$(^{エ}\qquad)$極，小さい金属が$(^{オ}\qquad)$極となる。また，両極間の電位差（電圧）を電池の$(^{カ}\qquad)$という。また，正極，負極で実際に反応する酸化剤，還元剤を$(^{キ}\qquad)$という。

$(^{ク}\qquad)$…充電できない電池

$(^{ケ}\qquad)$（蓄電池）…充電できる電池

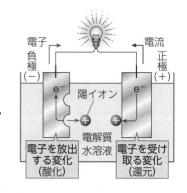

電子 電流
負極 正極
（−） （＋）

e^-　　陽イオン　　e^-

電解質水溶液

電子を放出する変化（酸化）　　電子を受け取る変化（還元）

2 実用電池

	電池	負極	電解質	正極	起電力	利用
一次電池	マンガン乾電池	Zn	$ZnCl_2$, NH_4Cl	MnO_2, C	1.5 V	置き時計，リモコン
	アルカリマンガン乾電池	Zn	KOH	MnO_2, C	1.5 V	置き時計，懐中電灯
	空気亜鉛電池	Zn	KOH	O_2	1.4 V	補聴器
	酸化銀電池	Zn	KOH	Ag_2O	1.55 V	腕時計，電卓
	リチウム電池	Li	$LiClO_4$	MnO_2	3.0 V	腕時計，電卓
二次電池	$(^{コ}\qquad)$蓄電池	Pb	H_2SO_4	PbO_2	2.0 V	自動車のバッテリー
	ニッケル・カドミウム電池	Cd	KOH	NiO(OH)	1.2 V	電動工具，電気シェーバー
	ニッケル・水素電池	H_2	KOH	NiO(OH)	1.2 V	電動シェーバー，ハイブリッド車の電源
	$(^{サ}\qquad)$電池	LiC_6	Li の塩	$LiCoO_2$	3.7 V	携帯電話，タブレット端末，ハイブリッド車の電源
	燃料電池（リン酸型）	H_2	H_3PO_4	O_2	1.2 V	ビルの電源

ダニエル電池

$(-)Zn\,|\,ZnSO_4aq\,|\,CuSO_4aq\,|\,Cu\,(+)$

起電力　約 1.1 V

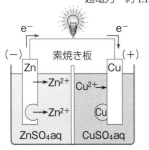

e^-　素焼き板　e^-

（−）Zn　　Cu（＋）

Zn^{2+}　Cu^{2+}

Zn^{2+}　Cu

$ZnSO_4aq$　$CuSO_4aq$

負極　$Zn \longrightarrow Zn^{2+} + 2e^-$

正極　$Cu^{2+} + 2e^- \longrightarrow Cu$

マンガン乾電池

$(-)Zn\,|\,ZnCl_2aq, NH_4Claq\,|\,MnO_2\cdot C\,(+)$

起電力　約 1.5 V

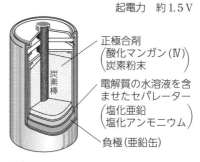

炭素棒

正極合剤（酸化マンガン（Ⅳ）炭素粉末）

電解質の水溶液を含ませたセパレーター（塩化亜鉛 塩化アンモニウム）

負極（亜鉛缶）

負極　$Zn \longrightarrow Zn^{2+} + 2e^-$

正極　MnO_2 が電子を受け取り $MnO(OH)$ に変化

鉛蓄電池　》発展

$(-)Pb\,|\,H_2SO_4aq\,|\,PbO_2\,(+)$

起電力　約 2.0 V

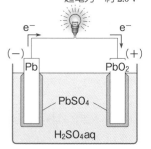

e^-　　e^-

（−）Pb　　PbO_2（＋）

$PbSO_4$

H_2SO_4aq

負極　$Pb + SO_4^{2-} \longrightarrow PbSO_4 + 2e^-$

正極　$PbO_2 + 4H^+ + SO_4^{2-} + 2e^- \longrightarrow PbSO_4 + 2H_2O$

例題 42 ダニエル電池
➡ 問題 226, 228

図のダニエル電池について，次の各問に答えよ。

(1) 電池の負極は亜鉛板と銅板のどちらか。

(2) 電流の流れる方向を図中の(ア)，(イ)で答えよ。

(3) 亜鉛板および銅板の表面で起こる変化を e^- を用いた式で表せ。

(4) 反応前に硫酸亜鉛水溶液と硫酸銅(II)水溶液は同じ濃度であった。電流を取り出すと，それぞれの濃度はどのように変化するか。

(5) 硫酸イオンは，素焼き板を通って正極側に移動するか，負極側に移動するか。

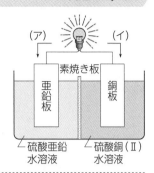

解説 ダニエル電池は，異なる電解液の混合を防ぐために素焼き板で仕切ったり，塩橋で連結したりする必要がある。素焼き板は多孔質で小さい孔が無数にあいており，この孔を通って Zn^{2+} や SO_4^{2-} などのイオンが移動することができる。

(1) 電極がいずれも金属の場合，イオン化傾向の大きい金属が負極となる。金属のイオン化傾向は $Zn>Cu$ なので，亜鉛が負極，銅が正極となる。

(2) 電流は正極から負極に向かって流れる。電子の流れる向きと電流の流れる向きは逆である。

(3) 亜鉛は亜鉛イオン Zn^{2+} となって溶液中に溶け出る。

$$Zn \longrightarrow Zn^{2+}+2e^- \quad (酸化)$$

亜鉛板上に生じた電子 e^- は，導線を伝わって銅板に移動する。硫酸銅(II)水溶液中の Cu^{2+} がこの電子 e^- を受け取り，Cu として析出する。

$$Cu^{2+}+2e^- \longrightarrow Cu \quad (還元)$$

(4)，(5) 負極では Zn が溶け出し，硫酸亜鉛水溶液中の Zn^{2+} は増加する。また，正極では Cu が析出して，硫酸銅(II)水溶液中の Cu^{2+} は減少する。したがって，電気的な中性を保つために，Zn^{2+} は素焼き板を通過して硫酸銅(II)水溶液側(正極側)に移動し，SO_4^{2-} は硫酸亜鉛水溶液側(負極側)へ移動する。

解答 (1) 亜鉛板 (2) (ア) (3) 亜鉛板：$Zn \longrightarrow Zn^{2+}+2e^-$ 銅板：$Cu^{2+}+2e^- \longrightarrow Cu$
(4) $ZnSO_4aq$：濃くなる $CuSO_4aq$：薄くなる (5) 負極側に移動する

Advice
2種類の電解液や各極に浸してある金属板など，電池の名前だけで模式図が書けることが望ましい。

---

225. 知識
電池 次の文中の( )に適切な語句を入れよ。

酸化還元反応を利用して，化学エネルギーを電気エネルギーに変換する装置を(ア)という。例えば，イオン化傾向の異なる2種の金属を，(イ)水溶液中に浸して導線で結ぶ電池ができる。このとき，イオン化傾向の大きい金属が(ウ)を失いやすく，(エ)極になる。

(ア) _____

(イ) _____

(ウ) _____

(エ) _____

---

226. 知識
電池 次の(1)〜(4)の金属を希硫酸に浸し，電池とした。各電池で正極となる金属を元素記号で答えよ。

(1) Mg と Ag (2) Zn と Cu

(3) Zn と Ag (4) Fe と Mg

(1) _____

(2) _____

(3) _____

(4) _____

□ **227.** 知識 **ボルタ電池** 次の文中の( )に適切な語句または化学式を入れよ。

希硫酸中に亜鉛板と銅板を浸したものはボルタ電池とよばれ，金属板を導線で結ぶと亜鉛板では Zn ⟶ (ア)+2e⁻，銅板では
(イ)+2e⁻ ⟶ (ウ)の変化が起こる。
ボルタ電池は，およそ(エ)Vの電圧を示すが，電圧がすぐに低下する。

(ア) _____
(イ) _____
(ウ) _____
(エ) _____

□ **228.** 思考 **ダニエル電池** 図の電池について，次の各問に答えよ。

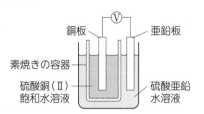

銅板　　　亜鉛板
素焼きの容器
硫酸銅(Ⅱ)　　　硫酸亜鉛
飽和水溶液　　　水溶液

(1)負極: _____
　正極: _____
(2) _____
(3) _____
(4) _____

(1) 負極および正極で起こる変化を半反応式でそれぞれ示せ。
(2) 素焼きの容器をガラスの容器にすると，この電池の起電力はどのようになるか。
(3) 0.20 mol の電子が流れたときの銅板の質量変化を＋，－を付けた値で答えよ。
(4) 亜鉛と硫酸亜鉛水溶液の代わりに，鉄と硫酸鉄(Ⅱ)水溶液を用いた場合，電池の起電力は大きくなるか，小さくなるか。

□ **229.** 思考 **電池の起電力**

(−) 負極 | 負極側電解質水溶液 | 正極側電解質水溶液 | 正極 (＋)
で表された次の(ア)～(エ)の電池について，起電力が最も大きいものを１つ選べ。
ただし，電解質水溶液の濃度はすべて同じ(0.2 mol/L)とする。

(ア) (−) Zn | ZnSO₄aq | CuSO₄aq | Cu (＋)
(イ) (−) Zn | ZnSO₄aq | FeSO₄aq | Fe (＋)
(ウ) (−) Fe | FeSO₄aq | CuSO₄aq | Cu (＋)
(エ) (−) Ni | NiSO₄aq | CuSO₄aq | Cu (＋)

_____

□ **230.** 知識 **実用電池** 次の文中の( )に適切な語句，[ ]に適切な化学式を入れよ。

乾電池は，電解質の水溶液をペースト(糊)状にして，持ち運びやすいように工夫した(ア)電池である。乾電池の代表的なものに(イ)やアルカリマンガン乾電池がある。マンガン乾電池は，負極活物質として[ウ]，正極活物質として[エ]を用いた代表的な実用電池であり，その起電力は約(オ)Vを示す。
放電すると負極では次のような反応が起こるとされている。

Zn ⟶ Zn²⁺+2e⁻

一方，正極では次のような反応が起こるとされている。

MnO₂+H⁺+e⁻ ⟶ MnO(OH)

(ア) _____
(イ) _____
(ウ) _____
(エ) _____
(オ) _____

☐ **231.** 【知識】〉発展

鉛蓄電池　次の文を読み，下の各問に答えよ。

　鉛蓄電池は負極に（　ア　），正極に（　イ　），電解質水溶液として希硫酸を用いている。放電する際に起こる変化は，次のように表される。

負極　（ア）＋SO_4^{2-}　$\longrightarrow$　$PbSO_4$＋（　ウ　）e^-

正極　（イ）＋（　エ　）＋SO_4^{2-}＋（　オ　）$e^-$$\longrightarrow$　$PbSO_4$＋$2H_2O$

　両極の変化をまとめると，［　a　］となる。したがって，放電によって 2 mol の電子が流れると，負極の質量は（　カ　）g 増加し，希硫酸中の H_2SO_4 は（　キ　）g 減少する。充電の際は，放電のときとは逆の変化が起こる。

(1)　文中の（　）に適切な化学式，数値を入れよ。

(2)　文中の［　］に化学反応式を入れよ。

(1)（ア）

　（イ）

　（ウ）

　（エ）

　（オ）

　（カ）

　（キ）

(2)

☐ **232.** 【知識】〉発展

燃料電池　次の文中の（　）に適切な語句，［ウ］，［エ］に半反応式，［オ］に化学反応式を入れよ。

　燃料電池は，水素や天然ガスと酸素を用いて，負極で（　ア　）反応，正極で（　イ　）反応を起こし，その反応から電気エネルギーを取り出す仕組みになっている。図の燃料電池は，負極活物質に水素，正極活物質に酸素，電解質水溶液としてリン酸水溶液を用いたものである。燃料電池を外部の回路に接続すると，負極では［　ウ　］，正極では［　エ　］の変化がおこる。したがって，燃料電池全体では，［　オ　］の変化が起こっている。

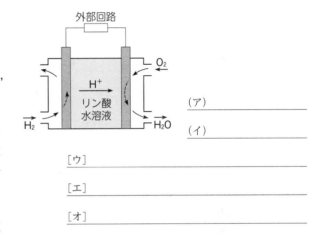

（ア）

（イ）

［ウ］

［エ］

［オ］

☐ **233.** 【思考】

身近な電池　次の記述のうち，誤りを含むものを 1 つ選べ。

(ア)　置き時計に用いられるマンガン乾電池の負極活物質は，亜鉛である。

(イ)　携帯電話に用いられるリチウムイオン電池は，充電してくり返し使用できるので，二次電池に分類される。

(ウ)　自動車のバッテリーに用いられる鉛蓄電池は，放電するとしだいに希硫酸の濃度が高くなる。

(エ)　燃料電池の放電による生成物は水であるので，環境への影響が小さい。

27 電気分解 》発展

📖 学習のまとめ

1 電気分解

①電気分解　電解質の水溶液や融解塩に直流電流を通じ，電気エネルギー
によって酸化還元反応を起こす操作を**電気分解**という。外部電源の正極
に接続した電極を(^{ア}　　　　　)，負極に接続した電極を(^{イ}　　　　　)と
いう。

陰極　電子e^-を(^{ウ}　　　　　)反応　⇒　**還元**

陽極　電子e^-を(^{エ}　　　　　)反応　⇒　**酸化**

（電池と電気分解の違い）

電池…電極間をつなぐと，酸化還元反応が**自発的**に起こる。

電気分解…電極を接続して，酸化還元反応を**強制的**に起こす。

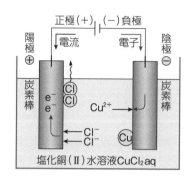

塩化銅（Ⅱ）水溶液$CuCl_2aq$

②**水溶液の電気分解におけるイオンの変化**

陰極		陽極	
陽イオン	e^- を受け取る変化（還元）	陰イオン	e^- を放出する変化（酸化）
還元されやすさ　Ag^+	$Ag^++e^- \longrightarrow Ag$	酸化されやすさ　I^-	$2I^- \longrightarrow I_2+2e^-$
Cu^{2+}	$Cu^{2+}+2e^- \longrightarrow Cu$	Br^-	$2Br^- \longrightarrow Br_2+2e^-$
H^+	$2H^++2e^- \longrightarrow H_2$	Cl^-	$2Cl^- \longrightarrow Cl_2+2e^-$
Al^{3+}　Mg^{2+}	水 H_2O が変化する。	OH^-	$4OH^- \longrightarrow 2H_2O+O_2+4e^-$
Na^+　Ca^{2+}	$2H_2O+2e^- \longrightarrow H_2+2OH^-$	SO_4^{2-}	水 H_2O が変化する。
K^+　Li^+		NO_3^-	$2H_2O \longrightarrow O_2+4H^++4e^-$

陽極が白金，炭素棒以外の場合，陽極の金属（Cu や Ag など）が酸化され，陽イオンとなって溶けだす。

$$Cu \longrightarrow Cu^{2+} + 2e^- \qquad Ag \longrightarrow Ag^+ + e^-$$

（例）希硫酸 H_2SO_4 の電気分解

陰極　$2H^++2e^- \longrightarrow H_2$　　陽極　$2H_2O \longrightarrow O_2+4H^++4e^-$　　全体　$2H_2O \longrightarrow 2H_2+O_2$

③**電気分解の応用**

電気めっき…電気分解を利用して，めっきを施す方法。　　（例）　クロムめっき

(^{オ}　　　　　)…電気分解を利用して，金属の純度を上げる操作。

（例）　**銅の電解精錬**…陽極に(^{カ}　　　　　)，陰極に(^{キ}　　　　　)を用いて硫酸で酸性にした硫酸銅
（Ⅱ）水溶液中で電気分解すると，粗銅が溶け，陰極に銅が析出する。粗銅中に含まれる金 Au や銀 Ag は陽
極の下に沈殿する。この沈殿を(^{ク}　　　　　)という。

(^{ケ}　　　　　)（融解塩電解）…イオン化傾向の大きい金属の塩や酸化物を融解し，その融解液を電気
分解する操作。　　（例）　NaCl，Al_2O_3 などの溶融塩電解（金属は陰極に析出）

2 電気分解における量的関係

①**電気量**　1Aの電流を1秒間流したときの電気量が1C（クーロン）である。

$i[A]$の電流が$t[秒]$間流れたときの電気量　　$\boxed{Q[C]=i[A] \times t[秒]}$

ファラデー定数F…電子(^{コ}　　　　　)mol がもつ電気量の絶対値。$F=9.65 \times 10^4$C/mol

②**ファラデーの電気分解の法則**

水溶液の電気分解では，次の関係が成り立つ。

> **1.** 電極で反応したり，生成したりするイオンや物質の物質量は，流れた電気量に比例する。
>
> **2.** 同じ電気量によって反応したり，生成したりするイオンの物質量は，そのイオンの価数には反比例する。
>
> （2. の法則は，Fe^{2+} が Fe^{3+} に変化するような反応では成り立たない。）

例題 43 水溶液の電気分解　　　　　⇒ 問題 234, 235

次の表は電解質水溶液を，白金電極を用いて電気分解したときに陰極，陽極で生成する物質をまとめたものである。(ア)～(コ)に入る物質を化学式で答えよ。

電解質水溶液	陰極	陽極
硫酸ナトリウム	ア	イ
水酸化カリウム	ウ	エ
塩化銅(Ⅱ)	オ	カ
硫酸	キ	ク
ヨウ化カリウム	ケ	コ

解説 各電極での変化は次のように表される。

陰極における変化(最も還元されやすいイオンや分子が電子を受け取る)

　イオン化傾向が小さい金属の陽イオン(Ag^+, Cu^{2+} など)が含まれる場合…金属の
　単体として析出する。　(例) $Ag^+ + e^- \longrightarrow Ag$

　イオン化傾向が大きい金属の陽イオン(Li^+, Na^+ など)が含まれる場合
　…H_2O や H^+ が還元される。

　　(例) $2H_2O + 2e^- \longrightarrow H_2 + 2OH^-$　　　$2H^+ + 2e^- \longrightarrow H_2$(水溶液が酸性の場合)

陽極における変化(最も酸化されやすいイオンや分子が電子を放出する)

　ハロゲン化物イオンを含む場合…イオンが酸化され，ハロゲンの単体を生じる。(例) $2Br^- \longrightarrow Br_2 + 2e^-$

　硝酸イオンや硫酸イオンを含む場合… H_2O や OH^- が酸化される。

　　(例) $2H_2O \longrightarrow O_2 + 4H^+ + 4e^-$　　　$4OH^- \longrightarrow 2H_2O + O_2 + 4e^-$(水溶液が塩基性の場合)

　電極が白金・炭素棒以外の場合…陽極の金属が酸化されて，陽イオンとなって溶け出す。

　　(例) $Ag \longrightarrow Ag^+ + e^-$

解答 (ア) H_2　(イ) O_2　(ウ) H_2　(エ) O_2　(オ) Cu　(カ) Cl_2　(キ) H_2　(ク) O_2　(ケ) H_2　(コ) I_2

Advice
陽極が白金・炭素棒以外の場合，電解質水溶液の種類にかかわらず陽極自体が反応するため，まず使われている電極を確認する。

□ **234.** 知識 **電気分解と生成物**　次の(1)～(4)の水溶液を，白金電極を用いて電気分解したとき，陰極，陽極で生成する物質をそれぞれ化学式で答えよ。ただし，発生した気体は，水と反応しないものとする。

(1) 塩化ナトリウム水溶液
(2) 水酸化ナトリウム水溶液
(3) 硝酸銀水溶液
(4) 硫酸カリウム水溶液

(1)陰極　　　　　　　　　陽極
(2)陰極　　　　　　　　　陽極
(3)陰極　　　　　　　　　陽極
(4)陰極　　　　　　　　　陽極

□ **235.** 知識 **電極の種類と電気分解**　硫酸銅(Ⅱ)水溶液を電気分解する際，電極として次の(ア)，(イ)を用いる場合，陰極，陽極で起こる変化を半反応式でそれぞれ示せ。

(ア) 白金　(イ) 銅

(ア)陰極
　　陽極
(イ)陰極
　　陽極

□ **236. アルミニウムの溶融塩電解**　次の文中の（　）に適切な語句を入れよ。

　　アルミニウムは，地殻中に化合物として含まれ，酸素，ケイ素に次いで多く存在する元素である。アルミニウムの鉱石である（　ア　）を濃い水酸化ナトリウム水溶液に溶かし，不純物をろ過する。その際得られたろ液を水で希釈し，沈殿物を生成させる。その沈殿物を焼成することで酸化アルミニウム（Al_2O_3）とする。その後，この酸化アルミニウムを（　イ　）（Na_3AlF_6）とともに融解し，電極に炭素を用いて電気分解すると，単体のアルミニウムが得られる。このように，金属の塩，酸化物を融解させ，これを電気分解して単体を得る操作を（　ウ　）という。

（ア）_____

（イ）_____

（ウ）_____

例題 ④ 水溶液の電気分解　　　　　⇒ 問題 237, 238, 239

炭素電極を用いて，硫酸銅（Ⅱ）水溶液に 1.0 A の電流を3860秒間通じ電気分解を行った。次の各問に答えよ。

(1)　流れた電気量は何Cか。また，何 mol の電子に相当するか。

(2)　陰極に析出した銅は何 g か。

(3)　陽極で発生する気体は 0 ℃，1.013×10^5 Pa で何 L を占めるか。

解説　(1)　i[A]の電流を t 秒間通じると，流れる電気量は $i \times t$[C]より，

　　　$1.0\,\text{A} \times 3860\,\text{s} = 3860\,\text{C} = 3.9 \times 10^3\,\text{C}$

また，電子 1 mol のもつ電気量は 9.65×10^4 C であり，流れた電子の物質量は

$\dfrac{i \times t\,[\text{C}]}{9.65 \times 10^4\,\text{C/mol}}$ なので，

$$\dfrac{3860\,\text{C}}{9.65 \times 10^4\,\text{C/mol}} = 0.040\,\text{mol}$$

Advice
この実験で流れた電気量を先に求め，各極の半反応式と比較して計算する。

(2)　陰極で起こる反応は　$Cu^{2+} + 2e^- \longrightarrow Cu$ から，流れた電子 1 mol で Cu が $\dfrac{1}{2}$ mol 析出するので，

　　　$63.5\,\text{g/mol} \times 0.040\,\text{mol} \times \dfrac{1}{2} = 1.27\,\text{g}$

(3)　陽極で起こる反応は　$2H_2O \longrightarrow O_2 + 4H^+ + 4e^-$ から，流れた電子 1 mol で O_2 が $\dfrac{1}{4}$ mol 発生する。また，0 ℃，1.013×10^5 Pa で気体 1 mol は 22.4 L を占めるので，

　　　$22.4\,\text{L/mol} \times 0.040\,\text{mol} \times \dfrac{1}{4} = 0.224\,\text{L}$

解答　(1) 3.9×10^3 C, 0.040 mol　(2) 1.3 g　(3) 0.22 L

□ **237. 電気量**　次の文中の（　）に適切な語句または数値を入れよ。

　　電気量は流れた（　ア　）の大きさと，（ア）を通じた（　イ　）の積で表され，単位としてクーロン[C]が用いられる。6.0×10^{23} 個の電子がもつ電気量は（　ウ　）C であり，この電気量の絶対値を（　エ　）定数とよぶ。5.00 A の電流で965秒間電気分解したとき，流れた電気量は（　オ　）C であり，（　カ　）mol の電子が移動したことになる。

（ア）_____

（イ）_____

（ウ）_____

（エ）_____

（オ）_____

（カ）_____

238. 電気分解における量的関係

知識

図のような装置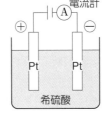
を用い，1.00 A の電流を32分10秒間通じて，0.100
mol/L の希硫酸を電気分解した。次の各問に答えよ。
ただし，発生した気体は水に溶けないものとする。

(1) 陰極および陽極の変化を表す式を完成させよ。

　陰極　2(ア)＋2e⁻ ⟶ (イ)

　陽極　2(ウ) ⟶ (エ)＋4H⁺＋4(オ)

(2) 流れた電気量は何Cか。また，何 mol の電子に相当するか。

(3) 陰極および陽極で発生する気体の体積は，0℃，1.013×10⁵ Pa でそれぞれ何 mL か。

(1)(ア)＿＿＿＿＿＿＿
　(イ)＿＿＿＿＿＿＿
　(ウ)＿＿＿＿＿＿＿
　(エ)＿＿＿＿＿＿＿
　(オ)＿＿＿＿＿＿＿
(2)電気量＿＿＿＿＿
　電子＿＿＿＿＿＿
(3)陽極＿＿＿＿＿＿
　陰極＿＿＿＿＿＿

239. 銅の電解精錬

知識

不純物として
銀，鉄，亜鉛を含む純度の低い粗銅を
陽極，純度の高い純銅を陰極に用いて，
図のように硫酸銅(Ⅱ)水溶液を電気分
解した。このとき，いずれの電極から
も気体の発生はなかった。次の各問に
答えよ。

(1) 陽極と陰極で起こる変化を半反応式で表せ。

(2) 12.7 g の銅を得るために必要な電気量は何Cか。

(1)陽極＿＿＿＿＿＿
　陰極＿＿＿＿＿＿
(2)＿＿＿＿＿＿＿＿

240. 電気分解における量的関係

思考

白金を電極に用い，硫酸ナトリウム水
溶液に一定の電流を通じて電気分解を行った。両極で発生する気体の体積
（0℃，1.013×10⁵ Pa）と電流を通じた時間との関係を表したグラフとして最も
適当なものを選べ。

＿＿＿＿＿＿＿＿＿

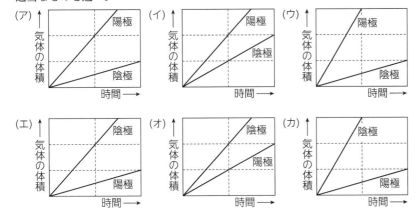

共通テスト対策問題 ②

□ **乳酸の定量**　次の文章を読み，各問(問1～6)に答えよ。

　　乳酸は，その構造中に (a)エタノール中にも含まれているヒドロキシ基(−OH)と，酢酸
中にも含まれているカルボキシ基(−COOH)をあわせもち，その電離度は１より極めて小
さい。乳酸は， (b)からだを動かすエネルギーを作るため，糖を分解する際にできる疲労物
質として認識されている。その理由は，運動のエネルギー源として糖が多く使われている
ところからきているが，実際は，乳酸はいつまでも筋肉中に溜まっていることはなく，30分も経てば消えてしま
うといわれている。また，牛乳が腐敗すると乳酸が増えることが知られており，牛乳中の乳酸の量を測定するこ
とにより，その牛乳の新鮮さが分かる。そこで，牛乳中に含まれる乳酸の含有量を調べるために，次の中和滴定
の実験を行った。

　　(c)牛乳20mL をコニカルビーカーに採取し，水40mL と指示薬を加えた。pH を測定しながら，ビュレットか
ら 0.10mol/L の水酸化ナトリウム水溶液を滴定したところ，3.0mL 加えたところで色が変わった。

$$\text{CH}_3-\overset{\displaystyle \text{H}}{\underset{\displaystyle \text{OH}}{\text{C}}}-\text{COOH}$$
乳酸

問1　中和滴定の実験で用いる次の器具a～cについて，内部が純水で濡れたま
まの状態で使用した場合，結果に影響が出るものはどれか。正しく選択してい
るものを，下の①～⑦の内から１つ選べ。　　1

　　　　a　メスフラスコ　　　　b　ホールピペット　　　　c　ビュレット

①　aのみ　　　　　②　bのみ　　　　　③　cのみ　　　　　④　a，b

⑤　a，c　　　　　⑥　b，c　　　　　⑦　a，b，c

問2　下線部(a)より，乳酸が水酸化ナトリウム水溶液と中和したときの化学反応
式は以下のような形になる。　ア　と　イ　に当てはまる化学式の組み合わ
せとして最も適当なものを，下の①～③のうちから１つ選べ。　　2

$$\text{CH}_3\text{CH(OH)COOH} + \text{NaOH} \longrightarrow \text{CH}_3\text{CH}\boxed{\text{ ア }}\boxed{\text{ イ }} + \text{H}_2\text{O}$$

	ア	イ
①	(ONa)	COOH
②	(ONa)	COONa
③	(OH)	COONa

問3　下線部 (b) より，私たちの体内では，糖からエネルギーを取り出す際に酸
化還元反応が利用されている。次のa～eの中に酸化還元反応でないものはい
くつあるか，下の①～⑤のうちから１つ選べ。　　3

　　　a　$\text{Zn} + 2\text{HCl} \longrightarrow \text{ZnCl}_2 + \text{H}_2$
　　　b　$\text{SO}_3 + \text{H}_2\text{O} \longrightarrow \text{H}_2\text{SO}_4$
　　　c　$\text{H}_2 + \text{Cl}_2 \longrightarrow 2\text{HCl}$
　　　d　$3\text{NO}_2 + \text{H}_2\text{O} \longrightarrow 2\text{HNO}_3 + \text{NO}$
　　　e　$\text{SO}_2 + \text{H}_2\text{O}_2 \longrightarrow \text{H}_2\text{SO}_4$

①　1つ　　　　　②　2つ　　　　　③　3つ

④　4つ　　　　　⑤　5つ

問4 次の文章中の ア ～ ウ に当てはまる語の組み合わせとして最も適当なものを，下の①～④のうちから1つ選べ。 4

　この中和滴定の実験で用いる指示薬として適切なものは ア で，この場合，溶液の色が イ から ウ 色に変化するときを滴定の終点とする。

	ア	イ	ウ
①	メチルオレンジ	黄	赤
②	メチルオレンジ	赤	黄
③	フェノールフタレイン	淡赤	無
④	フェノールフタレイン	無	淡赤

問5 この中和滴定の実験における滴定曲線として最も適当なものを，次の①～④のうちから1つ選べ。 5

①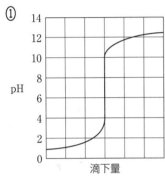
②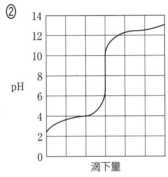
③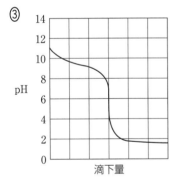
④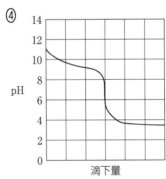

問6 下線部(c)の牛乳に含まれる乳酸のモル濃度は何 mol/L か。最も適当な数値を，次の①～⑥のうちから1つ選べ。ただし，牛乳に含まれる乳酸以外の成分は，水酸化ナトリウムと反応しないものとする。 6 mol/L

① 0.015 　　② 0.050 　　③ 0.075
④ 0.15 　　⑤ 0.50 　　⑥ 0.75

特集 ① 身のまわりの化学

□**241.** 【知識】 **イオン結晶の利用** 次の用途に用いられる物質を, 下の(a)～(d)から選べ。

(1) チョーク (2) レントゲン撮影の造影剤 (3) 生理食塩水

(a) 塩化ナトリウム NaCl (b) 塩化カルシウム $CaCl_2$

(c) 硫酸バリウム $BaSO_4$ (d) 炭酸カルシウム $CaCO_3$

(1) _____

(2) _____

(3) _____

□**242.** 【知識】 **イオン結晶の性質** 次の性質をもつイオン結晶を, 下の(ア)～(オ)から選べ。

(1) 潮解性が強く, 押し入れ用の乾燥剤や菓子類の乾燥剤など, 乾燥剤として広く用いられている。また, 路面の凍結防止剤としても用いられる。

(2) 石灰石を強熱して得られる物質で, 海苔の乾燥剤などに利用されている。

(ア) NaCl (イ) $NaHCO_3$ (ウ) $CaCl_2$

(エ) CaO (オ) $CaCO_3$

(1) _____

(2) _____

□**243.** 【知識】 **分子からなる物質** 次の記述にあてはまる物質を, 下の(ア)～(オ)から記号で選べ。

(1) 乾燥した空気中に体積百分率で約0.04%存在し, 固体は冷却剤として利用される。

(2) 窒素肥料や硝酸の原料である。

(3) 水溶液は漂白・殺菌作用を示し, 家庭用漂白剤の原料である。

(4) 日本酒などの酒類に含まれるだけでなく, 消毒や燃料にも利用される。

(ア) アンモニア (イ) エタノール (ウ) 塩素

(エ) 酢酸 (オ) 二酸化炭素

(1) _____

(2) _____

(3) _____

(4) _____

□**244.** 【知識】 **分子からなる物質の利用** 次の文中の物質Aは, 水素, 酸素, 窒素のいずれかの分子からなる物質である。物質Aは何か, 分子式で答えよ。

物質Aは, 常温で気体であり, 反応性に乏しく, 化学的に安定であることから, 食品の酸化防止用の封入ガスとして利用されている。また, Aを液体にしたものは, 冷却剤として冷凍食品の製造などに利用されている。

_____

245. 金属の利用
次の記述にあてはまる物質を記号で選べ。

(1) 密度が比較的小さい金属で，展性・延性に富み，電気伝導性にすぐれる。1円硬貨や鍋，住宅用サッシなどに利用されている。

(2) 融点が高く，強度もあり，耐食性にすぐれているので，航空機の材料，メガネや自転車のフレームなど，近年広く利用されている。

(3) 常温で唯一液体の金属であり，蒸気は毒性が強い。血圧計や体温計などに用いられる。

(4) 赤みを帯びた金属で，鍋や電線などに利用されている。

(5) 金属の中で電気や熱を最もよく伝える。銀白色の美しい光沢を示し，装飾品にも利用されている。

(6) 最も大量に用いられている金属で，レールや橋，ビルなどの建造物，自動車の車体など，幅広く用いられている。

(ア) Al　(イ) Ag　(ウ) Cu　(エ) Fe　(オ) Hg　(カ) Ti

(1) _____
(2) _____
(3) _____
(4) _____
(5) _____
(6) _____

246. 身近な物質の成分
知識
次の(a)～(f)の物質について，下の各問に答えよ。

(a) ベーキングパウダー　(b) セメント，貝殻
(c) ペットボトル　(d) アルミホイル
(e) 10円硬貨　(f) 天然ガス(都市ガス)

(1) (a)～(f)の主成分を次の(ア)～(カ)から選べ。

(ア) Al　(イ) $NaHCO_3$　(ウ) $CaCO_3$
(エ) CH_4　(オ) Cu　(カ) ポリエチレンテレフタラート

(2) (a)～(f)の主成分となる物質の構成粒子を分類すると，次のどれになるか。

(キ) イオン　(ク) 原子　(ケ) 分子　(コ) 高分子

(1) (a) ___ (b) ___
(c) ___ (d) ___
(e) ___ (f) ___
(2) (a) ___ (b) ___
(c) ___ (d) ___
(e) ___ (f) ___

247. 身近な酸・塩基
思考
酸または塩基の性質に関係のないものを，記述の(ア)～(オ)のうちから一つ選べ。

(ア) 卵を食酢に浸すと，殻がゆっくり溶けた。

(イ) 紫キャベツにレモン汁をかけると，赤くなった。

(ウ) 発泡入浴剤を湯に入れると，二酸化炭素の泡が発生した。

(エ) 塩酸と水酸化ナトリウム水溶液を混ぜたところ，食塩水ができた。

(オ) 酸化マンガン(IV)に過酸化水素水を滴下すると，気体が発生した。

_____

248. 身近な酸化還元
思考
酸化還元に関する記述として誤りを含むものを，次の(ア)～(エ)のうちから一つ選べ。

(ア) 鉄くぎが錆びると，そのくぎの質量は増える。

(イ) 神社の銅板葺きの屋根が緑色になるのは，銅が湿った空気中で徐々に酸化されるためである。

(ウ) トタンは鉄に亜鉛を，ブリキは鉄にスズをメッキしたものである。したがって，表面に傷がつくと，トタンの方がブリキよりも鉄が腐食しやすい。

(エ) リチウムイオン電池は，放電によって起電力が低下しても，放電とは逆向きの反応を起こすことによって起電力を回復できる。

_____

❶ 実験器具

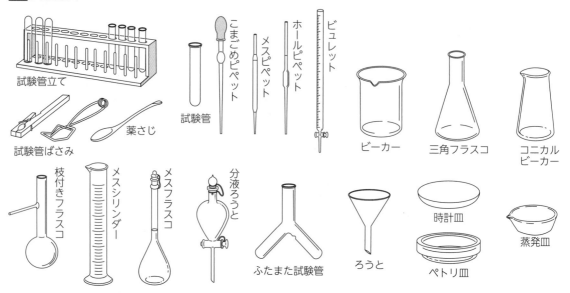

試験管立て

試験管ばさみ

薬さじ

試験管

こまごめピペット

メスピペット

ホールピペット

ビュレット

ビーカー

三角フラスコ

コニカルビーカー

枝付きフラスコ

メスシリンダー

メスフラスコ

分液ろうと

ふたまた試験管

ろうと

時計皿

ペトリ皿

蒸発皿

① 水溶液の調製

①必要な物質の質量をはかる。
②水を加えて溶かす。

③メスフラスコに入れ，水を標線まで加え，よく振り混ぜる。

洗浄びん

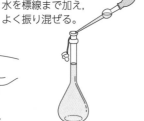

② 気体の発生と捕集

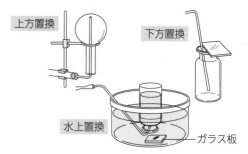

上方置換

下方置換

水上置換

ガラス板

❷ 実験操作

① 液体の試薬のとり方

① 試薬びんはラベルを上にしてもつ。
② 試験管の内壁を伝わらせて入れる。
③ とりすぎた試薬は，試薬びんにもどさない。

② 液体の体積の測定

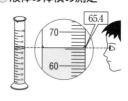

65.4

70

60

① 測定器具は，垂直に立てる。
② 液面の最も低いところの目盛りを読み取る。
③ 最小目盛りの1/10まで読みとる。

③ 試験管に入れた試薬の加熱

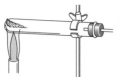

① 水溶液の量を試験管の1/4以下にする。
② 固体の加熱で水蒸気が発生する場合は，試験管の口を水平よりも低くする。

④ ガスバーナーの取り扱い

空気調節ねじ
ガス調節ねじ

① 元栓，ガス調節ねじの順に開き，点火する。
② ガス調節ねじで，炎の大きさを調整する。
③ 空気調節ねじで調整し，青色の炎にする。
④ 終了後は，①，②，③の逆の順に閉じる。

□ 249. [知識] ガスバーナーによる加熱　試験管に入れた水溶液をガスバーナーで加熱する方法について，次の各問いに答えよ。

(1) 図において，AのねじとBのねじは，それぞれ何の量を調節するねじか。

(2) 次の(ア)～(オ)を，操作する順に並べよ。

(ア) 元栓を開ける。

(イ) マッチをする(ライターに火をつける)。

(ウ) A，Bが閉じていることを確認する。

(エ) Aを開けて，無色炎にする。

(オ) Bを開けて点火し，赤い炎の大きさを調節する。

(3) ガスバーナーで加熱するとき，赤い炎で加熱するとよくない理由を2つあげよ。

(4) 無色炎において，最も温度が高い箇所はどのあたりか。解答欄の図に×印をつけよ。

元栓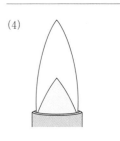
A
B

□ 250. [知識] 実験操作　液体試薬を扱う実験操作として正しいものを，次の(ア)～(オ)のうちから2つ選べ。

(ア) 試験管にとるときは，試薬びんのラベルを下にして注ぐ。

(イ) 試験管にとる試薬の量は，試験管の高さの1/4程度以下にする。

(ウ) 試験管に入れて加熱するとき，突沸を防ぐために沸騰石を入れておく。

(エ) 試験管に入れて加熱するとき，試験管を固定して加熱する。

(オ) 試験管に入れて加熱するとき，吹きこぼれないよう試験管に栓をしておく。

□ 251. [知識] 試薬の取り扱い　試薬の取り扱いとして誤りを含むものを，次の(ア)～(オ)のうちから1つ選べ。

(ア) ヘキサンは引火性があるので，火気がないところで取り扱う。

(イ) 硫化水素や塩素などの有毒ガスは，排気装置(ドラフト)内で取り扱う。

(ウ) 黄リンは，空気中で自然発火するおそれがあるため，水中に保存する。

(エ) 水酸化ナトリウム水溶液を入れたガラスの試薬びんには，ゴム栓をする。

(オ) 希硫酸をつくるには，よくかき混ぜながら，濃硫酸に水を少しずつ加える。

□ 252. [思考] 気体の発生と捕集　炭酸カルシウムと希塩酸をふたまた試験管中で反応させ，二酸化炭素を発生させたい。この実験を行うときの気体の発生方法と捕集方法について，次の各問に答えよ。

(1) ふたまた試験管の使い方として適当なのは，図の(ア)，(イ)のどちらか。

(2) 二酸化炭素の捕集方法として適当なのは，図の(ウ)，(エ)のどちらか。

(ア)
炭酸カルシウム
塩酸
 くびれ

(イ)
塩酸
炭酸カルシウム
くびれ

(ウ)

(エ)
ガラス

解答欄

(1) A
　　B
(2)
(3)

(4)

(1)
(2)

計算問題 の 解答

1 (1) 1.200×10^3 (2) 3.14×10^2
(3) 1.5×10^{-1} (4) 2.08×10^{-2}

2 $(4)<(2)<(1)<(3)$

3 (1) 10^5 (2) 8.0×10^8
(3) 2.0×10^6 (4) 5.0×10^2

5 (1) 4.7 (2) 6.2 (3) 11(1.1×10)
(4) 4.2

6 (1) 7.0 (2) 2.20
(3) $0.90(9.0\times10^{-1})$
(4) $0.200(2.00\times10^{-1})$

33 17190年前

89 (1) 4 個 (2) 12 (3) $x=2\sqrt{2}\,r$
(4) $d=\dfrac{\sqrt{2}\,w}{8r^3}$

92 1.5×10^{-23} g

93 27

94 (1) 20.0% (2) 24.3

96 (1) 28 (2) 36.5 (3) 18
(4) 44 (5) 98 (6) 78
(7) 17 (8) 46 (9) 64
(10) 34 (11) 180 (12) 60

98 (1) 1.0 (2) 24 (3) 19
(4) 32 (5) 18 (6) 96

99 (1) 12 (2) 27 (3) 40
(4) 60 (5) 132 (6) 249.5

101 (1) 50% (2) 54% (3) 21%
(4) 22%

102 (1) 27 (2) Fe_2O_3

103 (1) 2.4×10^{23} 個 (2) 1.8×10^{24} 個
(3) 1.2×10^{23} 個 (4) 1.2×10^{24} 個
(5) 1.5×10^{23} 個

104 (1) 0.25 mol (2) 1.0×10^2 mol
(3) 0.40 mol (4) 0.13 mol
(5) 1.5 mol

105 (1) 46 g (2) 4.8 g (3) 22 g
(4) 24 g (5) 80 g

106 (1) 0.10 mol (2) 1.5 mol
(3) 0.75 mol (4) 0.40 mol
(5) 0.20 mol

107 (1) 2.24 L (2) 16.8 L
(3) 33.6 L (4) 5.60 L
(5) 2.69 L

108 (1) 0.0500 mol (2) 0.400 mol
(3) 0.250 mol (4) 15.0 mol
(5) 0.0100 mol

109 (1) 1.20 mol
(2) H 0.50 mol O 0.25 mol
(3) Ca^{2+} 0.50 mol OH^- 1.0 mol
(4) SO_4^{2-} 1.25 mol H_2O 6.25 mol
(5) 4.50 mol

110 (1) 4.5 g (2) 2.2×10^2 g
(3) 1.2×10^{23} 個 (4) 1.5×10^{24} 個
(5) 1.2×10^{23} 個
(6) Ca^{2+} 6.0×10^{21} 個
Cl^- 1.2×10^{22} 個

111 (1) 9.0 L (2) 11 L (3) 5.6 L
(4) 3.2 g (5) 10 g (6) 66 g

112 (1) 5.6 L (2) 18 L
(3) 3.6×10^3 L (4) 1.5×10^{24} 個
(5) 3.0×10^{24} 個 (6) 6.0×10^{22} 個

113 (1) 2.0 g/L (2) 32.0

114 (1) 9.0×10^{23} 個 (2) 0.50 mol
(3) 70 g (4) 0.40 mol (5) 9.0 L
(6) 0.300 mol

115 (1) 14 g (2) 2.4×10^{22} 個
(3) 4.5 L (4) 0.60 g
(5) 6.0×10^{22} 個 (6) 1.8×10^{23} 個

117 (1) 4.0×10^{-23} g (2) 3.0×10^{-22} g
(3) 1.6×10^{-22} g

119 $(ア)<(ウ)<(エ)<(イ)$

120 (1) 30 (2) 44 (3) 28.0 (4) 26

121 (1) $\dfrac{M}{N_A}$ [g] (2) $\dfrac{wN_A}{M}$
(3) $\dfrac{vM}{V}$ [g] (4) dV [g/mol]

122 2.2×10^{22} 個

123 (1) 27 (2) 7.0

124 (1) 28 (2) $1:6$ (3) 1.3 g/L

125 (1) 6.0×10^{24} 個
(2) 4.5×10^{46} 個 (3) 8.0×10^2 個

126 (1) 20% (2) 9.0 g (3) 9.35%
(4) 22%

127 (1) 2.0 mol/L (2) 0.200 mol/L
(3) 0.500 mol/L

128 (1) 6.0 g (2) 8.0 g (3) 18 g

129 (2) 0.500 mol/L

131 (1) 910 g (2) 255 g
(3) 15.0 mol/L

132 (1) 3.0 mol/L (2) 49%

133 (1) $\dfrac{100w}{s+w}$ (2) $\dfrac{w}{M}$
(3) $\dfrac{s+w}{1000d}$ (4) $\dfrac{1000dw}{M(s+w)}$

145 (2) 1.8 g (3) 0.10 g

146 (1) 8 分子 (2) 2.5 L (3) 11 L
(4) 0.15 mol

147 (2) 2.0 mol (3) 13.5 g
(4) 39.2 L (5) 1.96×10^2 L

148 (1) 0.400 mol (2) 40.0 g
(3) 80.0%

150 (1) アルミニウム，2.70 g
(2) 3.36 L

151 (2) 5.6×10^2 mL (3) 0.25 mol/L

152 26 kg

153 18 mL

154 (1) 2.0 kg (2) 8.8×10^2 kg

155 (1) 硫酸バリウム 0.060 mol
(2) 塩化銀 0.040 mol
(3) $BaCl_2$ 0.20 mol/L，
$Ba(NO_3)_2$ 0.40 mol/L

156 メタン 0.050 mol エタン 0.20 mol
酸素 0.80 mol

157 (2) 6.22 g (3) 1.00 mol/L

158 (2) 0.50 mol/L

162 (ア) 5.0×10^{-2} (イ) 0.020
(ウ) 5.6×10^2 (エ) 3.0×10^{-3}

164 (1) 0.30 mol/L
(2) 1.0×10^{-3} mol/L
(3) 1.0×10^{-3} mol/L
(4) 0.10 mol/L
(5) 2.0×10^{-2} mol/L

165 (1) 0.20 mol/L
(2) 3.0×10^{-3} mol/L
(3) 0.10 mol/L (4) 0.50 mol/L
(5) 1.0×10^{-3} mol/L

166 (1) 0.020 (2) 0.020

168 (1) 5 (2) 1.0×10^{-1} mol/L
(3) 1.0×10^{-3} mol/L (4) 10
(5) 1.0×10^{-9} mol/L

170 (1) $[H^+]$ 0.10 mol/L pH1
(2) $[H^+]$ 0.10 mol/L pH1
(3) $[H^+]$ 1.0×10^{-3} mol/L pH3

171 (1) 1 (2) 1000 mL

172 (1) 12 (2) 10 (3) 0.020

173 $10^4:10^2:1$

182 (1) 1.0 mol (2) 1.0 mol
(3) 0.50 mol

183 (1) 37 g (2) 2.24 L (3) 10 L

184 (1) 2.0×10^{-2} mol
(2) 2.0×10^2 mL (3) 2.0×10^2 mL

185 (1) 50 mL (2) 0.50 mol/L
(3) 1.1 L

187 (1) 2.0×10^{-2} mol
(2) 1.0×10^{-2} mol (3) 1

188 (1) 2 (2) 1 **189** 3

192 (2) 5.00×10^{-2} mol/L
(3) 0.160 mol/L

193 A 1.0 B 7.0 C 13.0

194 (4) 7.50×10^{-1} mol/L
(5) 4.50%

195 (1) 50 mL (2) 50 mL

196 80% **197** 67 mL

198 112 mL

202 (1) 0 (2) -2 (3) -1
(4) -2 (5) $+6$ (6) $+3$
(7) $+5$ (8) $+1$ (9) $+2$
(10) -3 (11) $+7$ (12) $+6$

203 $(4)<(2)<(5)<(3)<(1)$

213 (3) 1.2 mol

214 (2) 0.36 mol/L

215 (2) 2.5 mol (3) 0.10 mol/L

223 (3) 7.0×10^2 kg (700 kg)

228 (3) $+6.4$ g

231 (カ) 96 (キ) 196

237 (オ) 4.83×10^3 (カ) 5.00×10^{-2}

238 (2) 1.93×10^3 C，2.00×10^{-2} mol
(3) 陰極：2.24×10^2 mL
陽極：1.12×10^2 mL

239 (2) 3.86×10^4 C

共通テスト対策問題②
6 ①

新課程版 プログレス化学基礎

2022年 1 月10日　初版　第 1 刷発行	編　者	第一学習社編集部
2025年 1 月10日　初版　第 4 刷発行	発行者	松本　洋介
	発行所	株式会社 第一学習社

広島：広島市西区横川新町 7 番 14 号	〒733-8521	☎ 082-234-6800
東京：東京都文京区本駒込 5 丁目16番 7 号	〒113-0021	☎ 03-5834-2530
大阪：吹田市広芝町 8 番 24 号	〒564-0052	☎ 06-6380-1391

札　幌 ☎ 011-811-1848	仙台 ☎ 022-271-5313	新　潟 ☎ 025-290-6077
つくば ☎ 029-853-1080	横浜 ☎ 045-953-6191	名古屋 ☎ 052-769-1339
神　戸 ☎ 078-937-0255	広島 ☎ 082-222-8565	福　岡 ☎ 092-771-1651

訂正情報配信サイト 47212-04
利用に際しては，一般に，通信料が発生します。

https://dg-w.jp/f/9733b

47212-04

■落丁，乱丁本はおとりかえいたします。

ホームページ
https://www.daiichi-g.co.jp/

ISBN978-4-8040-4721-8

重要事項のまとめ

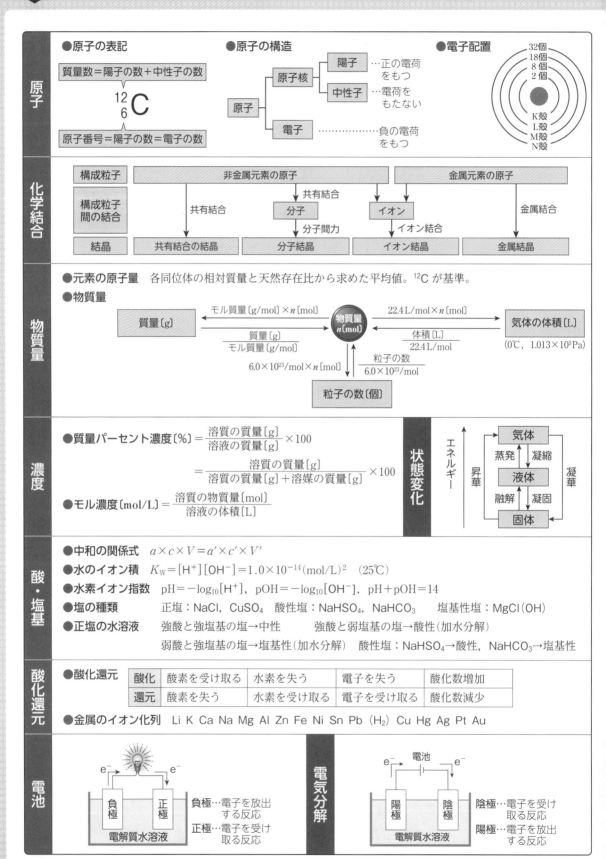

原子

●原子の表記

質量数＝陽子の数＋中性子の数

$^{12}_{6}C$

原子番号＝陽子の数＝電子の数

●原子の構造

原子 → 原子核 → 陽子 …正の電荷をもつ
原子核 → 中性子 …電荷をもたない
原子 → 電子 …負の電荷をもつ

●電子配置

32個 18個 8個 2個
K殻 L殻 M殻 N殻

化学結合

| 構成粒子 | 非金属元素の原子 | 金属元素の原子 |

構成粒子間の結合：共有結合／分子／イオン／金属結合

分子 → 分子間力、イオン → イオン結合

結晶：共有結合の結晶／分子結晶／イオン結晶／金属結晶

物質量

●元素の原子量　各同位体の相対質量と天然存在比から求めた平均値。^{12}C が基準。

●物質量

質量〔g〕 ←モル質量〔g/mol〕×n〔mol〕→ 物質量 n〔mol〕 ←22.4L/mol×n〔mol〕→ 気体の体積〔L〕

$\dfrac{質量〔g〕}{モル質量〔g/mol〕}$　　$\dfrac{体積〔L〕}{22.4L/mol}$　（0℃，1.013×10^5Pa）

6.0×10^{23}/mol×n〔mol〕　$\dfrac{粒子の数}{6.0\times10^{23}/mol}$

粒子の数〔個〕

濃度

●質量パーセント濃度〔%〕$=\dfrac{溶質の質量〔g〕}{溶液の質量〔g〕}\times100$

$=\dfrac{溶質の質量〔g〕}{溶質の質量〔g〕+溶媒の質量〔g〕}\times100$

●モル濃度〔mol/L〕$=\dfrac{溶質の物質量〔mol〕}{溶液の体積〔L〕}$

状態変化

エネルギー：気体／液体／固体
蒸発・凝縮、昇華・凝華、融解・凝固

酸・塩基

●中和の関係式　$a\times c\times V=a'\times c'\times V'$

●水のイオン積　$K_W=[H^+][OH^-]=1.0\times10^{-14}$（mol/L）^{2}　（25℃）

●水素イオン指数　$pH=-\log_{10}[H^+]$, $pOH=-\log_{10}[OH^-]$, $pH+pOH=14$

●塩の種類　　正塩：$NaCl$, $CuSO_4$　酸性塩：$NaHSO_4$, $NaHCO_3$　塩基性塩：$MgCl(OH)$

●正塩の水溶液　強酸と強塩基の塩→中性　　強酸と弱塩基の塩→酸性（加水分解）

弱酸と強塩基の塩→塩基性（加水分解）　酸性塩：$NaHSO_4$→酸性，$NaHCO_3$→塩基性

酸化還元

酸化	酸素を受け取る	水素を失う	電子を失う	酸化数増加
還元	酸素を失う	水素を受け取る	電子を受け取る	酸化数減少

●金属のイオン化列　Li K Ca Na Mg Al Zn Fe Ni Sn Pb （H_2） Cu Hg Ag Pt Au

電池

e^-　e^-
負極　正極
電解質水溶液

負極…電子を放出する反応
正極…電子を受け取る反応

電気分解

e^-　電池　e^-
陽極　陰極
電解質水溶液

陰極…電子を受け取る反応
陽極…電子を放出する反応